测绘地理信息
技术探索与应用

张　宏　钟贤洪　温志鹏◎主编

四川科学技术出版社

图书在版编目（CIP）数据

测绘地理信息技术探索与应用 / 张宏，钟贤洪，温
志鹏主编 . -- 成都：四川科学技术出版社，2023.5（2024.7 重印）

ISBN 978-7-5727-0982-1

Ⅰ . ①测… Ⅱ . ①张… ②钟… ③温… Ⅲ . ①测绘 –
地理信息系统 – 研究 Ⅳ . ① P208

中国国家版本馆 CIP 数据核字（2023）第 086649 号

测绘地理信息技术探索与应用
CEHUI DILI XINXI JISHU TANSUO YU YINGYONG

主　编　张　宏　钟贤洪　温志鹏

出 品 人　程佳月
责任编辑　张　姗
助理编辑　魏晓涵
封面设计　星辰创意
责任出版　欧晓春
出版发行　四川科学技术出版社
　　　　　成都市锦江区三色路 238 号　邮政编码 610023
　　　　　官方微博 http://weibo.com/sckjcbs
　　　　　官方微信公众号 sckjcbs
　　　　　传真 028-86361756
成品尺寸　170 mm × 240 mm
印　　张　7
字　　数　140 千
印　　刷　三河市嵩川印刷有限公司
版　　次　2023 年 5 月第 1 版
印　　次　2024 年 7 月第 2 次印刷
定　　价　58.00 元

ISBN 978-7-5727-0982-1

邮　　购：成都市锦江区三色路 238 号新华之星 A 座 25 层　邮政编码：610023
电　　话：028-86361770

PREFACE 前言

　　测绘学科是科学家和广大测绘工作者用心血和汗水结成的丰硕成果，其历经上千年的发展持续焕发着灿烂的光辉。随着人类社会的进步、经济的发展和科技水平的提高，测绘学科的理论、技术、方法及其学科内涵也在不断地发生变化。尤其是在当代，随着空间技术、计算机技术、通信技术和地理信息技术的发展，测绘学的理论基础、工程技术体系、研究领域和科学目标正在适应新形势的需要而发生着深刻的变化。由"3S"（GPS、RS、GIS）技术支撑的测绘科学技术在信息采集、数据处理和成果应用等方面也步入了数字化、网络化、智能化和可视化的阶段。

　　现代测绘学科的发展，要求测绘工作者不断拓宽知识面，且更多地结合其他相关学科的理论及技术开展学习，以适应当前快速变革的科技浪潮，跟上测绘学从模拟法测绘向数字化、信息化、智能化测绘发展，从地面观测向空天地海协同观测发展，从侧重测量与制图技术向地理空间信息科学和全球时空信息服务发展的脚步。

　　基于此，本书以测绘地理信息技术与应用为研究重点，介绍了地理空间信息的定位，包括全站仪定位、全球导航卫星系统定位、水下地形探测定位、摄影与遥感定位以及室内定位；阐述了地理信息系统与应用，包括地理信息系统的概述、地理信息系统工程设计与开发、地理信息系统的高级应用；并分别详细论述了工程测量、测绘航空摄影技术在实际测量中的应用。在写作过程中，笔者参阅了大量的相关资料，在此对相关文献的作者表示感谢。由于水平有限，且测绘地理信息发展迅速，涉及的面又广，其理论、方法及应用还在不断前行、完善，本书在较短的时间内完成，书中难免有不足之处，敬请各位专家、学者、读者朋友批评指正。

张宏　钟贤洪　温志鹏

2023 年 3 月

CONTENTS
目　录

第一章　导论

第一节　测绘学发展和基本体系

一、测绘学发展史概述

测绘学是一门有着悠久历史且正飞速发展的学科，它是地学的一个重要组成部分。特别是近几十年来，测绘学已发展成为广泛集成现代科技，服务于国民经济和国防建设，富现代气息及饱含高科技结晶的一门学科。它涉及的领域广泛，与众多相关学科的联系紧密，通常很难全面而详细地给它下一个严谨而又恰当的定义。随着时代的不断进步、人类对地球及太空奥秘探索的不断深化和计算机技术及通信网络等各种高新技术的应用，测绘学的研究内容、理论技术、应用领域等各个方面都在迅速地更新、充实和提高，测绘学及其内涵也将随时间的推移而有更加全面的解释。

从字面理解测绘学，常易使人们简单地认为其是通常所见的野外测量和绘图技术。从现在的观点来看，这种见解是十分"表面"的，且是以"古老"的标准来衡量测绘学的。测绘学已迈入了信息化时代，在科学与技术上都获得了"质"的飞跃，正以一种全新的面貌屹立于当代先进科技之列。

测绘学应该理解为是一门研究与地球有关的各种空间信息采集、处理、管理和应用的科学与技术。得益于国民经济建设、国防建设和科技发展的需要，结合计算机技术、信息技术、空间技术、通信技术、传感器技术等杰出的研究成果，测绘学得到了实质性的飞跃式发展。与以前的测绘学相比，现如今在研究内容、科学技术、服务对象等方面均发生了翻天覆地的变化。测绘学已融入现代科技进步的大潮流中，并占有一席之地，正进一步为国民经济的现代化、国防科技的现代化发挥重要作用。

人类生活在地球上，必须为生存和环境的改善而不断努力，深入了解和研究

1

地球及相关空间是人类生存不可或缺的。早在古代的人类生存活动中，就大量涉及测绘科技的内容。我国发现的古代各类星图及其变化的记载，为当时天文历书及农事耕作的安排做出了贡献；我国古代指南针的发明和应用为地面的定向及航海导航提供了手段；记里鼓车为远距离的机械丈量提供了方便；长江上的白鹤梁石鱼雕刻演示了洪水高程的变化及对防洪的警示；反映山河险要、田亩、疆域、户籍的各类地图为军事行动和行政治理打下了基础。所有这一切无不显示着早期的测绘学与人们最基本的生存活动息息相关。这方面的例子在世界其他各国同样有众多的历史资料可以佐证。

纵观测绘学科的发展，从其理论、研究对象以及采用的技术方法等方面来考察，可粗略地将其分成三个阶段。

（一）初期发展阶段（17世纪前）

该阶段是人们早期从事测绘科学及实践工作的阶段，正如其他学科早期发展阶段一样，测绘学科在此阶段开展了很多极具意义的工作，并取得了辉煌成果。总体而言，此阶段的测绘工作尚处于一种无序的、零星的、局部的、缺少系统理论指导的状态。但这个阶段的工作很重要，探索和研究的内容为后期工作的展开铺平了道路。

根据历史记载,在此阶段较有代表性和系统性的测绘工作有：①亚历山大时期学者埃拉托色尼在公元前3世纪就完成了首次用测量子午圈弧长来估算地球半径的工作。②我国唐代张遂于开元年间（713—741年），在地势平坦的河南平原上，选择大致位于同一子午线上的4个连续点，用测绳丈量间距（约300 km），计算该段地面每度纬差对应的距离并推估子午线长度。③在地图学方面，地图的制作可追溯到古代美索不达米亚平原的苏美尔人。此外，1986年我国甘肃天水放马滩战国秦墓中出土了7幅木板地图，分别绘在4块木板上。经甘肃省文物考古研究部门鉴定为秦王政八年（公元前239年）物品，该地图是世界上最早的实用地图。随后，公元2世纪由克罗狄斯·托勒密创作了《地理学》，并描述了圆形的地球投影到平面地图上的方法。16世纪杰拉杜斯·墨卡托开创了地图投影技术，使航海制图取得显著进展。④在海洋测绘方面，我国古代的北宋时期（960—1127年），指南针已在航海事业中普遍使用并采用在测绳下拴铅锤的方法来测量海水深浅。在明朝，我国著名航海家郑和七下西洋（1405—1433年），编制了较为详细的《郑和航海图》。所有这一切无不说明了早在古代，人们为了生存和发展，为了改善环境和探索地球进行了大量卓有成效的测绘研究和技术开发，有力地推动了人类社会的进步。

（二）迅速发展的中期阶段（17—20世纪中期）

17世纪后，测绘科学得到了前所未有的迅速发展，其间提出了有别于早期发展阶段的众多崭新的概念和理论，为测绘学科的确立和发展打下了基础。这应归功于许多著名科学家致力于天文学及地球形状和重力场的研究并取得的丰硕成果。可以说，真正成体系的测绘学科的构建是在这个阶段完成的。

在此阶段，必须提及的是伟大的英国物理学家牛顿，他提出并论证了在万有引力作用下，地球是绕一轴旋转的两极略扁的旋转椭球体。此理论不仅使人类对地球的认识从圆球进入旋转椭球的新阶段，也为测绘学科奠定了基础。这一新的理论，在随后众多的测绘工作中得到了验证和广泛应用，产生了大量的以此理论为基础的测绘科研成果，使测绘学科逐步走向成熟。要全面而完整地介绍此发展阶段众多卓越的测绘研究成果同样是困难的，下面仅列举一些标志性成果，以使读者对测绘学科在此阶段的发展有个初步的了解。

17—19世纪中期，高斯、勒让德、贝塞尔等研究了椭球面测量计算理论，研究出椭球面投影到平面的正形投影法，提出了解决椭球面测量问题的关键技术，有力地推动了椭球大地测量学的建设发展。

法国测量学者采用了较为精确的弧度测量数据，计算得出了新的椭球参数 $a = 6\,375\,653\text{m}$，$\alpha = 1/334$，并首次定义子午圈弧长的四千万分之一为长度单位 1m，使测绘学有了较明确的长度单位。此外，对于地球椭球参数的研究由贝塞尔和克拉克分别推算了更可靠的椭球体参数值，并被广泛地应用于当时的测绘工作中。

荷兰测量学者斯涅耳研究并开创了三角测量方法，进一步推进了测绘技术的发展。由于三角测量的应用，在测绘技术及仪器方面，科学家们相继研制了经纬仪、精确的长度杆尺、水准仪等测量工具。

法国的勒让德在1806年发表了最小二乘法理论。在此之前，德国的高斯在1794年已应用最小二乘法理论推演了谷神星的轨迹，并于1809年在他的著作《天体运行论》中，道出了最小二乘法原理，并把这一理论运用到测量平差处理中。最小二乘法原理的建立和应用，为测绘科学中观测数据的处理和观测误差的理论分析打下了坚实的基础。

法国学者克来罗提出了重力等位面理论及地面各点重力加速度计算式。此外，勒让德在研究地球形状和重力的关系中提出了重力位函数理论。这些理论把地球形状与重力场紧密地联系在一起，为物理大地测量翻开了新的一页。

1839年法国人达盖尔发明了摄影术，为摄影测量开创了条件。1851—1859年法国陆军上校劳赛达特提出了交会摄影测量方法并测制了万森城堡图，标志着摄影测量的开始。1903年莱特兄弟发明飞机，使航空摄影测量有了真正的工具，随即首台航空摄影机问世。

在19世纪下半叶到20世纪中期，测绘学科的进展突出地表现在以下几个方面。

为研究地球形状及天体运行规律，科学家在亚洲、北美洲、欧洲均布设长70 000～80 000 km的大规模、长距离的天文大地网，进行较高精度的观测。结合大量重力资料和大地测量资料推求新的地球椭球体参数，有赫尔默特1906年参数，海福特1910年参数和克拉索夫斯基椭球参数。新的椭球参数更精确地表达了大地体的几何形状并在较长时期内得到广泛应用。但是直到这个阶段，大地测量仍以刚体地球为研究对象，所进行的测量也是静态局部的测量。此外，在测量平差理论方面，荷兰学者田斯特拉完成了相关平差的理论研究，使平差处理的对象扩展到随机相关的观测值和函数。

在物理大地测量方面，英国的斯托克斯在1849年提出地球重力位由正常位和扰动位两部分组成，分别对应重力正常和重力异常。在此理论基础上，经随后不断地研究和完善，科学家实现了直接利用地面上的重力观测值精确求定地面点的扰动位，可不再依据大地水准面的求解而求定地球形状及外部重力场。

在测绘技术方面，由瑞典人耶德林首创的24 m因瓦基线尺悬空丈量技术解决了地面上精密量距的难题。各种高精度的光学经纬仪以及带平行玻璃板测微装置的精密水准仪、因瓦水准尺等的研制开发，在第二次世界大战后蓬勃兴起的各种巨型工程建设测量及近代大地测量中发挥积极作用。此外，在摄影测量技术上，1901年和1909年分别出现了立体坐标量测仪和1318自动立体测图仪，使摄影测量开始了利用立体像对进行双像测量的新时期。在印刷技术上，胶版印刷术使地图制图得到快速发展。

在海洋测绘方面，欧洲发展较快，对远洋交通十分重视，相继成立了海道测量机构，同时研制了天文钟、六分仪等成套的定位和导航仪器。1854年，美国海军上尉的莫里绘制出了"北大西洋水深图",体现了当时海洋测量的新水平,这是最早的一张海底地形图。1922年,法国航道部首次在海洋测量中应用回声测深仪进行地中海的水深测量。

这个阶段正处于近代社会发展的盛期,社会的进步极大地带动和促进了科技的发展,使测绘学科在理论、技术以及学科的体系结构等方面打下了坚实的基础,构建了经典测绘学的完整内容和框架。测绘学的发展亦对当时的经济建设、社会文明进步以及军事科技的发展等发挥了重要作用。

(三)近代测绘学阶段(20世纪中期以后)

本阶段是测绘学发展最为活跃的时期,计算机和计算机网络技术的发展,人造卫星及空间探测器的发射,各种先进传感器的出现及数码技术、自动化技术、智能技术的进步以及先进测绘仪器的研发,特别是20世纪末以来正在轰轰烈烈开展的"数字地球""智慧城市"等工程,使测绘学在研究内容和技术手段上与以往相比,发生了"脱胎换骨"的改变。测绘工作已从繁重的体力劳动型向技术密集型过渡,从大量人工作业向自动及智能化作业发展,从文字资料型向信息化迈进。这些"质"的变化,在近30年来表现得尤为明显和突出。与其他科学技术发展一样,测绘科学迈入了一个崭新的时代,取得的成就和进展是举世瞩目的。

1. 大地测量学

在对地球的研究中,现代的大地测量学,从刚体地球的概念转入以可变地球为对象、研究动态的全球绝对测量技术的新时期。其在构建我国现代大地测量参考框架、研究地壳及板块的运动规律、监测地表变形及预报地震和解释板块的断裂作用、地震活动及反演地壳构造等工作中发挥了重要作用,为我国的卫星、导弹、航天器及宇宙探测器的发射、制导、跟踪、返回等提供了先决条件。现代卫星测量技术,如卫星多普勒定位、海洋卫星雷达测高、卫星激光测距(20世纪70年代)、美国全球定位系统GPS(20世纪80年代)、俄罗斯全球卫星导航系统GLONASS(20世纪90年代)、中国北斗卫星导航系统(2000年)等的投入使用,在现代大地测量参考框架的构建、地球动态参数测定和重力场模型精化、地球板块运动和地壳变形监测、高精度海洋测量以及海空导航、车辆导向、导弹制导等方面起着极为重要的作用,各种应用实例不胜枚举。

2. 工程测量

工程测量学科的研究,为解决经济建设中大量涌现的各类工程项目所涉及的测量关键技术问题提供了支撑。特别是 20 世纪 70 年代以来,自然环境和谐与各种工程的防灾减灾、运行安全被放到十分重要的位置,精密工程测量、安全监控技术等工程测量新内容得到了快速推进,以适应现代社会和经济发展之需。这类技术方法,在我国兴建的特大型高坝、南水北调工程、核电站、电子对撞机、特大跨径的桥梁、高速公路、地铁工程、高铁工程、大型现代建筑群体等众多前所未有的现代工程建设,以及地表沉陷监测、高边坡及危岩监测、大坝及各类大型工程的安全监测中发挥着重要作用。与此同时,在测量技术手段上,20 世纪 60 年代光电测距仪的诞生,70 年代以后的全站仪、自动全站仪、特高精度测距仪及全球定位系统的投入使用,进一步改变了工程测量的技术和面貌。在各种工程的建设及安全监测中,科学家们研发了工程测量的大型信息管理系统、安全监测系统、安全综合推理分析及评判预报系统等。该阶段构建起了现代工程测量的框架体系,极大丰富了工程测量的内容,不断推进工程测量学科实现现代化、自动化、智能化。

3. 摄影测量和遥感

摄影测量经历了一种典型的从模拟方法到数字方法的技术发展道路。摄影测量技术成熟于 20 世纪初,即所谓的模拟摄影测量,其主导摄影测量历程约 80 年。模拟摄影测量利用光学或机械投影实施摄影过程的反转,构建起与实际地表形态成比例的几何模型,由此测绘出地形图和各种专题图。本质上讲,模拟摄影测量就是基于影像的机械辅助测图,但由于精密的光学机械仪器设备巧妙地解决了物像坐标转换问题,这成为那个年代最富科技含量的代表性测绘技术,并成为地形图生产的主要方式,故摄影测量成了测绘学科的前沿发展方向。

得益于计算机技术的发展成果,从 20 世纪 60 年代开始,解析摄影测量开始发展,其本质是基于影像的计算机辅助测图技术。解析摄影测量仍然使用胶片影像,但由计算机替代了复杂的光学机械设备来实现物像坐标变换,并发挥了计算机在观测数据处理和图形绘制方面的特长。从 20 世纪 80 年代开始,数字摄影测量迅速发展,其本质是自动化影像测图技术。解析摄影测量阶段只是一个短暂的过渡性阶段,其主导摄影测量历程不足 20 年的时间。

自 20 世纪 90 年代中后期开始,摄影测量学科全面进入了数字摄影测量发展阶段。数字摄影测量的处理对象是各种传感器获得的数字影像,通过摄影测量和计算机视觉等处理技术,实现像片定向、影像匹配、三维信息提取等过程,高度自动化地生产数字高程模型、数字正射影像、三维实景模型等多种形式的测绘产品，并成为数字测绘产品的主要生产方式。在数字摄影测量过程中，人的工作已经降为辅助性工作。

进入 21 世纪以来，有五项突出的新技术成果极大地推动了摄影测量的发展。一是数字航空相机的出现，使得数字摄影测量的发展摆脱了传统胶片成像方式的拖累，数字摄影测量真正进入了全数字化流程；二是新一代遥感图像处理系统，集并行处理、远程管理、多功能处理和多种影像兼容等特点于一身，大大提升了摄影测量的生产和服务能力；三是摄影测量与计算机视觉的结合，有效提高了序列影像数据处理与三维建模的自动化水平；四是多传感器集成应用技术，使摄影测量具有了实时获取三维数据的能力，进一步拓展了摄影测量的研究及服务领域；五是以无人机为飞行平台的低空航摄技术的出现，大大降低了开展航空摄影测量的门槛，推动了摄影测量技术应用的爆发式增长。

卫星遥感方面，1957 年，苏联成功地发射了人造地球卫星。1959 年，人造卫星发回了第一张地球照片。1960 年，人类从气象卫星上获得了全球的云图。1962 年，在美国密歇根大学召开第一届"环境遥感"会议后，"remote sensing"一词开始使用，遥感科技得到飞速发展。遥感是在航空勘测技术基础上，随着空间技术、传感器技术、电子技术、通信技术、计算机技术和地球科学技术等的发展而诞生的现代化综合性探测技术，它超越了人眼所能感受的可见光的限制，延伸了人的感官。遥感影像具有的宏观性、光谱性和时相性等特点，使它能够快速、及时、准确、全面地观测全球陆地、海洋和大气等的状况及其变化，这极大地改变了人们的生活和生产方式，从而也成为人类发展的标志性技术成果。至今，遥感技术在资源调查、环境监测、灾害预报以及军事技术等领域一直发挥着广泛的、不可替代的作用。

4. 地理信息系统

20 世纪 50 年代起，随着计算机技术的发展，测绘工作者和地理工作者开始利用计算机汇总各种来源的数据，借助计算机处理和分析这些数据，最后通过计算机输出一系列结果，作为决策过程的有用参考信息。1956 年，奥地利测绘部门首先利用计算机创建了地籍数据库。20 世纪 60 年代末，加拿大创建了世界上第一个地理信息系统，用于自然资源的管理和规划。地理信息系统是在计算机软、硬件支持下，对整个地球表层的地理数据进行采集、存储、管理、分析、显示和描述的技术系统。进入 20 世纪 70 年代以后，地理信息系统朝实用方向迅速发展，商业化的地理信息系统软件亦开始成长。20 世纪 80 年代是地理信息系统普及应用的阶段，并且涌现出一批具有代表性的地理信息系统软件，如 ArcInfo 等。20 世纪 90 年代，随着微型计算机和 Windows 操作系统的发展，地理信息系统进入各行各业。全球信息网的发展为地理信息系统在互联网上运行提供了条件，基于万维网（Word Wide Web, www）的地理信息系统促使地理信息系统向社会化发展。地理信息系统一开始就在自然资源管理方面显示了其重要性，迄今，地理信息系统技术已广泛应用于林业、矿业、水利、土地利用、城市规划、防灾减灾和地图制图与地理数据发行等众多领域。

5. 海洋测绘

在海洋测绘方面，近代的海洋测绘不仅仅是测绘海图为航海服务，而是转入了以海洋研究和海洋开发为两大目标的全新内容中。海洋测绘为研究地球的形状提供更多的资料。海洋占地球面积的 71%，在缺乏如此广袤面积上的测量资料的基础上来研究地球，其研究结果是不完善的。海洋测绘为研究海底的地质构造及其运动提供各种信息，为海洋实体的研究和开发提供基础平台。在海洋开发工作中，海洋测绘充分服务于海洋自然资源的勘探开采、海洋工程、航运、渔业、海底工程（如电缆、管道）、海上划界等各种应用性任务。

近代的海洋测绘技术发展迅速，无线电定位技术、新一代的声呐技术以及计算机、激光和卫星测量技术等被广泛应用，使海洋测绘进入了自动化时代。在海洋定位技术中，满足各种用途需要的、定位距离从数千米到数千千米的无线电定位系统的投入使用，全球定位系统及卫星导航系统的构建，结合加速度计、电子或激光陀螺、多普勒声呐、各种传感器、卫星、无线电定位系统等由计算机实时处理的综合自动导航系统的研制开发，使得在水深测量中的多波束扫描测深仪、光度法测深仪及海底图像测量装置等的开发与应用得到较快发展。近代海洋测量技术的发展，在海洋定位、导航、海底地形图的自动绘制以及海洋开发利用和国防建设中，发挥了重要作用。

综上所述，测绘学的研究内容及发展与国民经济和国防建设的需要是密切相关的。现代测绘学着重利用各种航空、航天飞行器及集成传感器系统，获取地球在统一坐标系中的空间位置信息及其他多种信息，建立各种空间信息系统，在为研究地球自然和人文社会，解决人口、资源、环境和减灾防灾等社会可持续发展中的重大问题，以及为国民经济和国防建设的发展提供技术支撑和数据保障等服务中，发挥着极其重要的作用。

二、测绘学科的基本体系和主要内容

测绘学科在发展的第二阶段已较完整地构建了其基本体系，形成了一整套分类上较科学的学科门类及相应的研究内容。但是自 20 世纪 50 年代以来，随着现代科技和世界经济的快速发展，"经典"的内容在进一步地深化，新的测绘技术和理论在不断涌现。此外，科技的发展要求测绘学科吸纳和加强与其他门类相关学科的紧密联系，以此体现学科间的交叉发展，使测绘学科在不同发展阶段构成极富时代特色的不同体系及相关内容。

现代的测绘学，根据所研究的内容、采用的技术方法、服务的对象及目的等方面的差异和特点，分为大地测量学、摄影测量学与遥感技术、地图制图学与地理信息工程、工程测量学、海洋测绘学五个主要学科分支。应该说明的是，虽然这五个学科分支各有自己的特点及任务，但是它们之间是紧密相连的，互为依存、互为补充，体现了整个测绘学科的全貌及本色。以地理信息系统而言，它是地图制图学与地理信息工程最主要的研究内容，但是摄影测量与遥感、工程测量、海洋测绘等学科也在从事属于自己学科范围内的各种专题地理信息系统或与地理信息系统密切相关的各种技术研究。其他学科，如地理学、地质矿产、水利、交通、土木工程、农林、军事工程技术等，也都在从事地理信息系统的相关研究。再如在以形变监测为手段的工程及地质灾害监测预警方面，大地测量、摄影测量与遥感、工程测量、地理信息系统等学科都根据各自的特点，发挥自己的优势，结合各种生产科研项目而开展这方面的研究。这些学科分别采用高精度的边角控制网、精密水准仪、卫星定位技术，或采用高精度近景摄影测量、航空摄影空中三角测量、合成孔径雷达干涉测量、防灾地理信息系统，或埋设测斜仪、沉降仪、渗压计、应力应变计采集信息，并建立变形预报模型，研发监控信息综合分析评价系统等，实现防灾减灾的安全监控。

测绘学科发展到现阶段，不仅体现了其技术与理论的先进性、内容的广泛性和应用的普遍性，而且明显地反映出学科边缘的交叉性和模糊性。深入本学科的特色内容研究、加强边缘学科的开拓、密切与其他相关学科的结合是测绘学科现阶段发展的方向。

第二节 地理信息技术的定义

21世纪是人类走向信息社会的世纪，是网络的时代。信息与信息技术是社会经济发展的战略资源和主要生产力的观点已成为人们的普遍共识。

地理信息是信息资源的重要组成部分。社会对地理信息的需求越来越大，特别是在解决资源、环境、人口、灾害、可持续发展等全球关心的重大问题中，迫切需要国家的、区域的和地方的地理信息作为规划、监测、管理和决策的依据。

一、信息与地理信息

（一）信息和数据

1. 什么是信息

在人们的日常生活和工作中，经常提到"信息""信息技术""信息社会"等概念。那么什么是信息？信息有什么特点？

"信息"的概念出现于20世纪50年代，随着对信息研究的深入，人们对信息的认识也逐步深化。简单地说，信息是指一切有用的消息和知识，是客观世界中物质存在方式、运动状态和属性的反映。

信息是客观存在的，是不同于物质和能量的一种形式。但是信息的存储和传输离不开物质和能量，信息与物质和能量是一个统一的整体，人们正是通过对特定物质和能量所表现出来的颜色、形状、声音、味道等信息的辨别来识别该物质和能量。

信息具有如下特点：①信息的客观性。任何信息都是与客观事物紧密相连的，这是信息正确性和精确度的保证。②信息的传输性。与物质和能量相比，信息不具有质量，可以在信息发送者和接受者之间传输，便于传输和存储。③信息的共享性。信息可以传输给多个用户，为多个用户共享。信息经过反复使用，不会消耗也不排他，从而具有可共享性。信息的这些特点，使信息成为当代社会发展的一项重要资源。

2. 信息和数据

数据是以数字、文字、符号、图像、图形、语言和声音等多种形式记录下来的可以被鉴别的符号。数据本身没有任何实际意义，只有附加上某种特定的含义，才能代表现实世界中具体的事物和现象，数据中所包含的意义就是信息。

数据和信息是不可分离的。信息是数据的内涵，而数据是信息的表达。也就是说数据是信息的载体，只有理解了数据的含义，对数据作解释才能得到数据中所包含的信息。

在一个信息系统中，数据的格式往往和具体的计算机系统有关。建立一个信息系统的过程，就是收集数据，然后对数据进行处理并输出信息的过程，其目的就是得到数据中包含的信息。即数据是原始事实，信息是数据处理的结果。

另外，相同的信息，可以用不同形式的数据来描述。人的知识和经验作用到数据上，可以得到不同的信息，而获得信息量的多少，往往与人的知识水平有关。

3. 信息技术

信息技术是关于信息的产生、发送、传输、接收、变换、识别和控制等应用技术的总称。信息技术是当代世界范围内新的技术革命的核心。现代信息技术包括遥测遥感技术、通信技术、智能技术（计算机技术）、微电子技术等。现代的计算机网络是计算机、微电子、通信等现代信息技术的结晶。

（二）地理信息

人们在日常工作中不仅需要能够快速检索和使用各种统计数据、文档报告来获取信息，也迫切需要将这些信息与地理位置或地图结合起来，以掌握各种社会经济活动的空间分布及其相互关系。这种可以通过地图获取的与地理位置相关的信息都称为地理信息。

1. 地理位置

地理位置是一种普遍存在的信息组成元素。地理位置对于绝大多数人而言是简单而直观的。例如，在地图上找到自己所处的位置，按指定路线到达一个地点，以及简单地分析自己所处的空间背景等。

地理位置有多种描述方式，如一幅地图或影像，在一段文字里描述的地名或事件发生的地址、邮政编码、电话号码以及其他所有用来描述地表要素及其特性的方法，都可以描述地理位置。

2. 地理数据

地理数据是用来描述地球表面所有要素或物质（地理实体）的数量、质量、分布特征、联系和规律的数字、文字、图像和图形等符号的总称。

地理数据是各种地理特征和现象间关系的符号化表示，包括空间位置、属性特征以及时态特征三部分。空间位置数据描述地物所在位置，这种位置既可以根据大地参照系定义，如大地经纬度坐标，也可以定义为地物间的相对位置关系，如空间上的距离、邻接、重叠、包含等。属性数据又称为非空间数据，用来反映地理实体的属性特征。属性数据用来描述要素的定性或定量指标，即描述信息的非空间组成部分，如各种统计数据。时态数据用来反映要素的时态特征，例如用动态的点来展示台风中心移动的轨迹，它对环境模拟分析非常重要，越来越受到人们的重视。

3. 地图和地理信息

地图是地理信息最为常见的载体，我们可以通过查看地图获取所需要的地理信息。

通过地图，我们可以回答"在哪里"和"是什么"两类问题：地图通过对该事物周围其他事物的比较以及通过抽象的坐标系来说明事物在哪里；同时，通过图例、注记或多媒体链接来说明该事物是什么。

地图本质上是地球自身的一种描述。一幅遥感影像可以看作是一张地图，而那些通过仪器采集的、缺少结构化信息的、离散的样本集合也可以看作是另一种地图。另外，还有表现地理现象时间上的差异和事件的特殊地图，通过分析这种特殊地图，我们可以了解地理现象随时间的变化特征。

地理信息有时又称为空间信息或地理空间信息。但地理空间是一类特殊的"空间"，它的数学基础（坐标系统）是大地坐标系统。另外，我们讨论地理空间，其主要内容是关于我们生活的地球表面（层）与空间分布和变化相关的事物和现象。

总之，地理信息是关于地理实体的性质、特征和运动状态的描述及一切有用的知识，是对地理数据的解释。

二、地理信息技术

（一）什么是地理信息技术

地理信息技术是获取、存储、管理、处理、分析和应用地理信息的现代技术的总称，是以计算机、数据库、网络和现代通信技术为基础，以"3S"（GIS，RS，GPS）技术为核心的现代信息技术，是空间技术、传感器技术、卫星定位与导航技术和计算机技术、通信技术相结合，多学科交叉和高度集成的产物，其目标是实现对空间信息的采集、处理、管理、分析、表达、传播与综合应用。

（二）地理信息技术的核心

"3S"是指地理信息系统（geographic information system, GIS）、遥感（remote sensing, RS）和全球定位系统（global positioning system, GPS）。地理信息技术应包括计算机、网络、数据库、地理信息系统、全球定位系统、遥感以及通信、测量等多种技术在内的综合信息技术，其中"3S"技术是地理信息技术的核心。地理信息系统、遥感和全球定位系统虽然技术原理和方法不同，但其研究和应用都是以地理信息的获取和处理为主要内容，三者紧密结合，构成地理信息技术的核心内容。

1. 地理信息系统

地理信息系统是用来输入、编辑、管理、处理、分析和输出与地理位置相关的信息和数据的计算信息系统。经过多年的发展，地理信息系统已经从古老的工作站运行模式向微机、网络化和移动数据助理（PDA）方向发展，地理信息系统技术的应用几乎遍及世界每一个领域。广义的地理信息系统，应包括全球定位系统和遥感数据的采集与处理系统。狭义的地理信息系统虽然不包括遥感和全球定位系统技术，但是全球定位系统和遥感的广泛应用仍然离不开地理信息系统技术，因而在"3S"技术的综合应用过程中，地理信息系统技术的地位非常重要，是联系其他两个技术的纽带和支撑平台。

2. 遥感

遥感作为一门综合技术，是美国学者在1962年提出来的，现在越来越成为获取地理信息资源的快速而有效的重要手段。遥感技术的应用领域非常广泛，随着传感器技术、航空航天技术和数据通信技术的不断发展，现代遥感技术已经进入一个能动态、快速、多平台、多时相、高分辨率地提供对地观测数据的新阶段。

近年来，随着数字遥感分析技术的发展，资源卫星数据产品在农业、水利、环境保护、资源调查等领域的应用，遥感技术在国民经济建设中发挥了重大作用，数字遥感技术已经成为环境资源信息的一种重要分析手段。利用卫星遥感能够迅速、准确地获取环境和灾害信息，及时、全面地掌握自然灾害和环境污染的发生、发展和演变过程，为防灾、抗灾、救灾，遏制环境污染和生态破坏，保护我们赖以生存的环境提供科学决策依据，保障国民经济和社会持续稳定发展。

3. 全球定位系统

全球定位系统是一种卫星导航和测量系统，它采用导航卫星对地面、海洋和空中的用户进行导航、定位和测量。全球定位系统作为一种动态和实时的地理定位和地理数据采集手段，与地理信息系统技术相结合，被人们广泛应用于测量军事、交通以及其他日常生活和工作中。使用全球定位系统技术，可以使铁路、公路、航海和航空的运输更加高效、安全，可靠性更高。

全球定位系统用户机正在向寻人机、引路仪、计时器、紧急报警、急救报警和医疗救助等消费品方向发展，已形成相当规模的产业群体，成为空间技术应用首先进入大规模产业化发展的领域之一。

在地理信息技术的核心体系中，遥感技术为资源检测和环境监测提供丰富、实时的宏观信息，并为计算机制图系统和地理信息系统的数据更新快速提供可靠的数据源；全球定位系统技术以其全天候的特点为地理信息系统的数据采集和实时更新提供了强有力的保障；地理信息系统技术既能提供信息处理、管理、查询与检索服务，还能提供综合分析与评价功能。三者的有机结合将为人类科学研究、规划决策和日常事务管理提供更加强大的应用服务。

第二章 地理空间信息的定位

随着测绘信息化建设进程的加快，地理空间信息定位方法在不断地更新换代：从传统的光学经纬仪发展到数字电子全站仪；从局部或单一的全球定位系统发展到多定位系统的选择及集成；从传统光学遥感发展到雷达卫星遥感；从传统的摄影测量发展到倾斜、无人机摄影测量等新技术；从室外定位发展到室内定位的研究应用等。

第一节 全站仪定位

全站仪是一种集光、机、电为一体的高技术测量仪器，是集水平角、竖直角、距离、高差测量功能于一体的测绘仪器系统。全站仪不但能同时进行角度和距离测量，还可以自动显示、记录、存储所测数据，并能进行简单的数据处理，在野外可直接获得点位的坐标和高程。通过传输设备，全站仪可把野外观测数据导入计算机，再经计算机自动处理后，由绘图仪将计算机输出信息以图形形式输出，绘出所需比例尺的图件，并由打印机打印出所需成果。全站仪可将测绘工作的外业及内业联系起来，实现数据采集、传输及处理的有机结合，增强测绘数据的共享性，提高测绘工作效率。

全站仪的定位原理是电磁波测距和电子测角。在实际测量时，全站仪主要采用三维坐标测量、后方交会测量、对边测量等方式完成地理空间信息的定位。

一、全站仪的定位原理

（一）电磁波测距

电磁波测距的基本原理是通过测定电磁波在测站到目标两端点往返一次的时间 t，及其在大气中传播的光速 c，计算两点的距离 D，测距公式为 $D=ct/2$。

根据测定时间的方式不同，电磁波测距仪又分为脉冲式测距仪和相位式光电测距仪。脉冲式测距仪直接测定光波传播的时间，受电子计数器时间分辨率限制，测距精度不高，一般为±（1~5）m。相位式光电测距仪是利用测相电路直接测定光波从起点发出经终点反射回到起点时，由往返时间差引起的相位差来计算距离，间接地测定传播时间，测量精度较高，一般为5~20 mm。后者广泛用于工程测量和地形测量。

（二）电子测角

角度测量是确定点位方位的重要一步，包括水平角和竖直角的测量。水平角指的是空间两直线垂直投影在水平面上的角度；竖直角是在同一垂直面内倾斜视线与水平线之间的夹角。目标方向与天顶方向之间的夹角为天顶距。在测定竖直角时只需对视线指向的目标点读取竖盘读数，即可计算出竖直角。

二、全站仪的定位方式

（一）三维坐标测量

将测站 A 点的坐标、仪器高和棱镜高及后视 B 点的坐标或后视方位角输入全站仪中，完成全站仪测站定向后，瞄准 P 点处的棱镜，经过观测觇牌精确定位，按测量键，仪器可显示 P 点的三维坐标。

（二）后方交会测量

将全站仪安置于待定点上，观测两个或两个以上已知的角度和距离，并分别输入各已知点的三维坐标和仪器高、棱镜高后，全站仪即可计算出测站点的三维坐标。由于全站仪后方交会处既要测角度，又要测距离，多余观测数多，测量精度较高，也不存在位置上的特别限制，因此全站仪后方交会测量也可称作自由设站测量。

（三）对边测量

在任意测站位置，分别瞄准两个目标并观测其角度和距离，选择对边测量模式，即可计算出两个目标点间的平距、斜距和高差，还可根据需要计算出两个点间的坡度和方位角。

（四）坐标放样测量

安置全站仪于测站，将测站点、后视点和放样点的坐标输入全站仪中，设置全站仪为放样模式，经过计算可将放样数据（距离和角度）显示在液晶屏上。照准棱镜后开始测量，此时可显示实测距离与设计距离的差、实测角度与设计角度的差、棱镜当前位置与放样位置的坐标差。观测员依据这些差值指挥司尺员移动方向和距离，直到所有差值为零，此时棱镜位置就是放样点位。此种放样方法不可能人为地使所有差值接近零，因此目前被实时动态（real-time kinematu,RTK）放样所取代。

（五）偏心测量

若测点不能安置棱镜或全站仪不能直接观测测点，可将棱镜安置在测点附近通视良好、便于安置棱镜的地方，并构成等腰三角形；瞄准偏心点处的棱镜并观测，再旋转全站仪瞄准原先测点，全站仪即可显示出所测点位置。常见的偏心测量主要有角度偏心测量和单距偏心测量两种方式。

第二节 全球导航卫星系统定位

全球导航卫星系统（global navigation satellite system,GNSS）并没有统一的规划和认定标准，通常表示空间所有在轨运行的卫星导航系统的总称，是一个综合的卫星星座系统。由于不受地况地貌环境的限制，GNSS 具有全天候、全球性的实时服务功能，在军用和民用两方面均得到了广泛应用，有力地推动了国民经济建设，改善了社会生活质量，为信息化时代下的全球用户提供了高精度、多用途的导航、定位和授时服务，在海洋测绘、防震减灾、城市管理、交通运输、电力系统、移动通信、农业生产、资源环境、文物考古等领域具有广阔的市场和极大的发展潜力。

一、常用卫星导航定位系统

随着计算机和通信技术的高速发展，GNSS 正呈现百花齐放的局面，各种卫星导航定位系统相继建立。目前，正在运行的 GNSS 有美国的 GPS、俄罗斯的 GLONASS、中国的北斗卫星导航系统以及欧洲的伽利略系统。

虽然目前美国的全球定位系统在空间定位领域还处于主导地位，但其他的现代化卫星导航系统正不断地追赶和发展，不断地对其不足之处进行改进。2012年，中国北斗卫星导航系统已具备覆盖亚太地区的定位、导航、授时及短报文通信服务能力。2018年12月27日，北斗三号基本系统完成建设，开始提供全球服务，这标志着北斗卫星导航系统服务范围由区域扩展为全球，正式迈入全球时代。建成后的北斗卫星导航系统将为北斗用户提供定位、授时与短报文通信一体式服务。北斗卫星导航系统与其他卫星导航系统的兼容性与互操作性使用户能够同时利用多系统观测数据，极大地改善了观测冗余度，提高了导航定位精度。

二、GNSS 卫星定位主要误差源

（一）误差的分类

GNSS 定位是通过地面接收设备，接收卫星发射的导航定位信息来确定地面点的三维坐标。可见测量结果的误差来源于导航卫星、信号的传播过程和接收装备。GNSS 测量误差可分为三类：与 GNSS 卫星有关的误差；与 GNSS 卫星信号传播有关的误差；与 GNSS 接收机有关的误差。

与 GNSS 卫星有关的误差包括卫星的星历误差和卫星钟误差，两者都属于系统误差，可在 GNSS 测量中采取一定的措施消除或减弱，或采用某种数学模型对其进行改正。

与 GNSS 卫星信号传播有关的误差包括电离层折射误差、对流层折射误差和多路径误差。电离层折射误差和对流层折射误差即信号通过电离层和对流层时，传播速度发生变化而产生时延，使测量结果产生系统误差。在 GNSS 测量中，测站周围的反射物所反射的卫星信号进入接收机天线，将与直接来自卫星的信号产生干涉，从而使观测值产生偏差，即为多路径误差。多路径误差取决于测站周围的观测环境，具有一定的随机性，属于偶然误差。为了减弱多路径误差，测站位置应远离大面积平静水面，测站附近不应有高大建筑物，测站点不宜选在山坡、山谷或盆地中。

与 GNSS 接收机有关的误差包括接收机的观测误差、接收机钟误差和接收机天线相位中心的位置误差。接收机的观测误差具有随机性，是一种偶然误差，通过增加观测量可以明显减弱其影响。接收机钟误差是指接收机内部安装的高精度石英钟的钟面时间相对于 GNSS 标准时间的偏差，是一种系统误差，可采取一定的措施来消除或减弱。GNSS 测量是以接收机天线相位中心代表接收机位置的,天线相位中心会随着 GNSS 信号强度和输入方向的不同而产生变化,致使其偏离天线几何中心而产生系统误差。

（二）消除、削弱上述误差影响的措施和方法

上述各项误差对测距的影响可为数十米,有时甚至可超过百米,比观测噪声大几个数量级,因此必须加以消除和削弱。消除和削弱这些误差所造成的影响的方法主要有三种。

1. 建立误差改正模型

误差改正模型既可以是对误差特性、机理及产生原因进行研究分析和推导而建立的理论公式,也可以是对大量观测数据进行分析、拟合而建立的经验公式。多数情况是同时采用两种方法建立的综合模型（各种对流层折射模型大体上属于综合模型）。

由于改正模型本身的误差及所获取的改正模型各参数的误差,仍会有一部分偏差残留在观测值中,这些残留的偏差通常仍比偶然误差要大得多,从而严重影响全球定位系统的定位精度。

2. 求差法

仔细分析误差对观测值或平差结果的影响,安排适当的观测纲要和数据处理方法（如同步观测、相对定位等）,利用误差在观测值之间的相关性或在定位结果之间的相关性,通过求差来消除或削弱其影响的方法称为求差法。

例如,当两站对同一颗卫星进行同步观测时,观测值中都包含了共同的卫星钟误差,将观测值在接收机间求差即可消除此项误差。同样,一台接收机对多颗卫星进行同步观测时,将观测值在卫星间求差即可消除接收机钟误差。

又如,目前广播星历的误差可达数十米,这种误差属于起算数据的误差,并不影响观测值,不能通过观测值相减来消除。利用相距不太远的两个测站上的同步观测值进行相对定位时,由于两站至卫星的几何图形十分相似,因而星历误差对两站坐标的影响也很相似。在求坐标差时,利用这种相关性就能把共同的坐标误差消除掉。

3. 选择较好的硬件和较好的观测条件

多路径误差既无法建立改正模型,也不能采用求差方法来解决,削弱它的唯一办法是选用较好的天线,仔细选择测站,远离反射物和干扰源。

第三节 水下地形探测定位

一、水下地形探测定位概述

水下地形测绘作为测绘科学技术的重要组成部分，是海道测量、河流测量、湖泊测量的主要内容。随着 GNSS 定位技术、水声测量技术和电子计算机技术的发展，水下地形测绘技术从传统的光学定位、单波束测深、手工数据处理和绘图、成果单一的时代，跨入 GNSS 定位、测深手段多样、数据处理和绘图自动化、成果多样化的崭新时代。

与陆地测量一样，水下地形测量的主要内容也是建立平面和高程的控制网，并尽可能与陆地测量系统构成统一的整体，从而绘制水下地形。海洋与江河湖泊开发的前期基础性工作也是测图，与陆地不同的是，在水域是测量水下地形图或水深图。许多工程应用和科学研究都需要水下地形测绘成果这一基础资料。因此，水下地形测量作为服务型的工作，具有重要的科学实践意义。

水下地形测量最基本的工作是定位和测深。无论是测量地球上的几何量还是物理量，都必须把这些量固定在某一种坐标系相应的格网中，否则是毫无意义的。传统水下地形测量的载体为测量船，根据测量船离陆地的远近和对定位精度的要求可采用不同的定位方法。下面将分别从定位方法和水深测量两个方面介绍，如无线电定位方法、卫星差分定位法、水下声学定位法、单波束回声测深和多波束回声测深等。

测深点定位的方法有断面索法、经纬仪或平板仪前方交会法、六分仪后方交会法、全站式速测仪极坐标法、无线电定位法、水下声学定位法和差分 GPS 定位法等。本节重点介绍无线电定位法、水下声学定位法等不同于地表的定位方法。

（一）无线电定位法

无线电定位法主要应用于海洋测量定位。以岸台为基础的无线电定位有不同的分类方法。按工作方式可划分为测距定位和测距差定位。按作用距离可划分为：近程定位，最大作用距离为 150 n mile；中程定位，最大作用距离为 500 n mile；远程定位，作用距离大于 500 n mile。在海洋测绘中通常采用近程和中程高精度定位系统。

测距定位具有测距精度高的优点，但作用距离较小，接收船台的数量受限，通常用于近程定位，如微波测距系统猎鹰Ⅳ、塞里迪斯等。

测距差定位又称双曲线定位，具有作用距离大、船台数量不限的优势，但定位精度难以提高，且无法克服多值性。在中、远程定位系统中，大多以测距差方式定位，但也有些定位设备兼具两种定位模式的功能，如 ARGO 定位系统和罗兰 –C 定位系统。其作用距离为 300 ~ 1 000 n mile，定位精度为数米至数百米。

（二）水下声学定位法

水下声学定位法是近几十年发展起来的一种海洋测量定位手段。其原理是在某一局部海域海底设置若干个水下声标，首先利用一定的方法测定这些水下声标的相对位置，然后确定船只相对陆地上大地测量控制网的位置，再确定船只相对水下声标的位置，依这样同步测量的处理结果，就可以确定水下声标控制点在陆地统一坐标系统下的坐标。实施定位时，水下声标接收测量设备载体（测量船或水下机器人）发出的声波信号后发出应答信号（也可以由水下声标主动发射信号），人们通过测定声波在海水中的传播时间和相位变化，就可以计算出声标到载体的距离或距离差，从而计算出载体的位置。

水下声学定位法的工作方式主要有长基线定位和超短基线定位两种方式。

长基线定位原理：通过安装在船底的一个换能器向布设在水下、相距较远的3 个以上的水下声标发射询问信号，并接收水下声标的应答信号，测距仪根据声速和声信号的传播时间计算出换能器至各声标的距离，从而确定船位坐标。长基线定位的定位精度为 5 ~ 20 m。

短基线定位原理：在船底安装由 3 个水听器组成的正交水听器阵和 1 个换能器，在海底布设 1 个水下声标，通过测定声标发出的信号到不同水听器之间的时差或相位差计算测量船的位置。超短基线定位原理与短基线相同，只是 3 个正交水听器之间的距离很短，小于半个波长，只有几厘米。

二、水深测量

水深测量方法包括测深杆测量、测深锤测量和回声测深等。其中回声测深方法分为单波束回声测深和多波束回声测深。以下重点介绍回声测深的两种方法。

（一）单波束回声测深

单波束回声测深属于"点"状测量。当测量船在水上航行时，船上的测深仪可测得一条连续的剖面线，即地形断面。根据频段个数，单波束测深仪分为单频测深仪和双频测深仪。我国于20世纪90年代初开始广泛采用数字化测深仪进行水深测量，使得水深测量数字化、自动化成为可能。单波束水深测量自动化系统包括数字化测深仪、定位设备（通常为GPS）、数据采集和处理设备、数据采集和处理软件。在有较高精度要求的测量中，还使用运动传感器实时测量船舶姿态，并通过软件对测得的数据进行姿态改正。在单波束水深测量自动化测量系统中，测深仪测得的水深数据和GPS测得的定位数据通过RS232接口传输到计算机，计算机通过数据采集软件将收到的数据形成一定格式的电子文件存储到计算机硬盘。外业测量结束后利用数据处理软件剔除假水深、加入仪器改正数和潮位改正，形成水深数字文件，再由软件的绘图模块驱动绘图机自动成图。

（二）多波束回声测深

20世纪70年代出现的多波束回声测深系统极大地改变了海洋调查方式，影响了最终的成果质量。多波束回声测深属于"面"测量，它能一次给出与航迹线相垂直的平面内的成百上千个测深点的水深值，所以能准确、高效地测量出沿航迹线一定宽度内水下目标的大小、形状和高低变化。多波束回声测深把测深技术从原来的点线方式扩展到面状方式，并进一步发展到立体测图和自动成图，从而使水下地形测量技术发展到新的水平。多波束回声测深系统由发射接收换能器、信号控制处理器、运动传感器、陀螺罗经、数据采集和处理计算机组成。其工作原理是测量每个波束声波信号的往返时间和反射角度，结合定位数据、测量船的姿态数据、声速数据来计算每个波束测得的水深。

目前，国际市场上有多种型号的多波束回声测深系统，其波束或测深条带的生成原理也不尽相同，主要有单一窄波束机械旋转扫描法、多指向性接收阵列法、单波束电子扫描法、发射和接收端电子多波束形成法、相位比较法（相干法），以及上述方法的组合方法。我国水下地形测量实践应用比较多的多波束主要有美国RESON公司生产的SeaBat系列多波束、德国ATLAS公司生产的FANSWEEP系列多波束、挪威Simrad公司生产的EM系列多波束和英国GeoAcoustic公司生产的GeoSwath多波束。以上这些多波束在有效覆盖宽度内的测量精度可以满足我国现行水运工程测量规范对测深的精度要求，以及国际海道测量组织对特级测量

（港口、泊位及有最小富余深度要求的航道区域的测量）精度的要求。

第四节　摄影与遥感定位

摄影测量与遥感是从非接触成像和其他传感器系统，通过记录、测量、分析与表达等处理，获取地球及其环境和其他物体可靠信息的工艺、科学与技术。其中，摄影测量侧重于提取几何信息，遥感侧重于提取物理信息。研究的重点都是从影像上自动提取所摄对象的形状、大小、位置、特性及其相互关系，即可以实现对目标点的空间定位。其特点是对影像进行测量，不需要接触物体本身，因而较少受到周围环境与条件的限制。

从定位的角度来看，摄影测量的定位和遥感的定位原理相同，都是在恢复摄影时像片的空间位置和姿态的情况下，通过前方交会方法计算影像上同名像点对应的地面点坐标，从而实现目标点的定位。

本节以摄影测量为重点进行介绍。

一、摄影测量的分类

摄影测量的研究对象可以是固体、液体或气体，也可以是静态或动态，还可以是遥远的、巨大的（宇宙天体与地球），或极近的、微小的（电子显微镜下的细胞）。按照成像距离的不同，摄影测量可分为航天摄影测量、航空摄影测量、地面摄影测量、近景摄影测量和显微摄影测量等。航天摄影测量是利用卫星遥感影像测绘地形图或专题图，或快速提取所需位置的空间坐标；航空摄影测量是摄影测量的主流方式，是测绘 1∶500～1∶5 000 地形图的重要方法，同时也是测绘 1∶10 000～1∶50 000 地形图的主要方法；地面摄影测量一般用于山区的工程勘察和航摄漏洞补测；近景摄影测量一般用于拍摄距离小于 300 m 的非地形目标测绘；显微摄影测量是利用扫描电子显微镜提取的立体显微影像，测量微观世界。

按照应用对象的不同，摄影测量可以分为地形摄影测量与非地形摄影测量。地形摄影测量是摄影测量的主要任务，服务于国家基础地理信息需求，如测绘各种比例尺的地形图及城镇、农业、林业、地质、交通、工程、资源与规划等部门需要的各种专题图，建立地形数据库，为各种地理信息系统提供三维的基础数据等。与传统现场测绘方法相比,摄影测量测绘地形的优点是作业速度快,成图周期短,以内业为主,劳动强度低,在进行较大范围作业时可以节省经费,成图的精度均匀,还可以生产影像测绘产品。非地形摄影测量是摄影测量的一个分支学科,研究利用影像确定非地形目标物的形状、大小及空间位置等,主要用于工业、考古、医学、生物、变形监测、应急救灾等方面,其方法与地形摄影测量一样,实现了利用二维影像重建三维模型,在三维模型上提取所需的各种信息。例如,抗震救灾工作中可以利用低空无人机快速获取灾区高分辨率影像,制作多尺度影像图,建立灾区三维模型,为灾后救援与灾情评估、灾后安置和重建等工作提供及时可靠的科学依据。

二、摄影测量的定位原理

正如人的一只眼睛只能判断物体的大致方位而不能确定物体离人的距离远近一样,摄影测量中利用单幅影像是不能确定物体上点的空间位置的,只能确定物点所在的空间方向。要获得物点的空间位置一般需利用两幅相互重叠的影像构成立体像对,它是立体摄影测量的基本单元,其构成的立体模型是立体摄影测量的基础。可以看出,摄影测量的基本原理就是利用立体影像上同名像点与物方点之间的几何关系得到其物方空间坐标,实现目标点的定位。因此,摄影测量的核心就是像点与物方点之间的解析关系,如单幅影像上像方点坐标与相应物方点坐标之间的关系、立体像对中同名像点的像点坐标与相应地面点坐标之间的关系等。简单来说,主要是共线方程和共面方程。

三、摄影测量的定位方法

(一)相对定向—绝对定向法

相对定向—绝对定向法是指先恢复立体像对的相互位置关系,解算出待定点的模型坐标,然后通过一定数量的地面控制点解算模型坐标与地面坐标之间的变换参数,最终得到待定点的地面坐标。

利用立体像对的相对定向恢复摄影时相邻两影像摄影光束的相互关系,从而使同名光线对对相交,包括单独像对相对定向和连续像对相对定向两种方法。相对定向后可以求得任一模型点的空间辅助坐标,目的是求出这些点的空间坐标。空间辅助坐标系与物方空间坐标系通常是不一致的,而且这两个系统的比例尺也不相同，因此需要进行绝对定向。对于立体模型的绝对定向而言，经过三个角度的旋转、一个比例尺缩放和三个坐标方向的平移，才能将模型点的空间辅助坐标变换为物方空间坐标。

（二）后方交会—前方交会法

后方交会—前方交会法是先利用一定数量的地面控制点解算出每张像片的外方位元素，然后利用前方交会方法解算待定点地面坐标。

空间后方交会以单幅影像为基础，从该影像所覆盖地面范围内的若干控制点的已知地面坐标和相应点的像坐标量测值出发，根据共线条件方程，运用最小二乘法间接平差，求解该影像在航空摄影时刻的外方位元素 X_s、Y_s、Z_s、φ、ω、κ。根据计算的外方位元素及匹配的结果，利用共线条件方程进行多片"前方交会"，得到像点的物方坐标。

（三）光束法区域网平差法

光束法区域网平差法是一种以一幅影像所组成的一束光线为平差基本单元，以中心投影的共线方程为基础方程的平差算法。通过各光线束在空间的旋转和平移，实现模型之间公共点光线的最佳交会。经过自由网构建及控制点量测后，获得各影像在自由网坐标系下的外方位元素、同名点在自由网坐标系下的三维坐标，利用计算的控制点在自由网坐标系中坐标及其在已知物方坐标系中坐标进行绝对定向，确定各影像在已知物方坐标系下的外方位元素及同名点在物方坐标系下三维坐标。将这些值作为初始值，代入光束法平差方程，求取物方坐标系下各影像精确的外方位元素及同名点精确的坐标。光束法区域网平差法即对被测目标点及影像内、外方位元素进行同时优化，使得摄影成像时的物点、像点、摄影中心的共线模型残差最小，从而计算出最优的目标点坐标和影像获取时相机的位置姿态及相机内参数。光束法平差的基本模型是共线方程，即物方点、其对应影像上的像点以及摄影中心，三点共线。将建立的共线条件方程作为自检校光束法平差的数据模型。

与其他方法相比，该方法存在如下优势：①灵活。其采用误差模型几何性质明确，可以应用于不同特征（如点特征、直线特征、曲线特征），不同相机类型适用于不同的场景，可以很方便地加入各种约束条件，提高测量精度。②高精度。通过对模型误差进行统计分析实现粗差剔除，同时可利用控制信息进行相应的约束，实现高精度测量。③高效。其理论成熟，处理速度快，稳定性好，且利用稀疏算法可高效地求解大规模数据的最优解问题。目前，光束法区域网平差已广泛应用于各种高精度的解析空中三角测量和点位测定的实际生产中。

第五节　室内定位

面向区域的定位技术是一个前景广阔的研究方向，室内定位是其中的典型代表。对于室外环境而言，目前已经有卫星定位或移动基准站定位。但对于室内而言，一方面卫星信号因无法穿透建筑物而失去作用，另一方面流动站的定位精度较低，无法满足室内定位精度的要求，再加上室内环境存在多路径效应及人员走动所带来的不可避免的干扰，使得室内定位的效果很难同时兼顾精度和稳健度，因此寻找一个适用于室内定位环境的定位系统，已经成为业界的研究重点。

目前，基于无线传感器网络（WSN）和无线局域网（WLAN）等面向区域的定位技术越来越受到研究者的关注。无线传感器网络的目标就是将分散且独立的传感器节点通过无线方式连接起来，组成一个分布式的无线传感器网络，它可以针对环境信息适时做出自我调整，以实现使用者和工具的互动。而无线局域网的思想则是通过现有的接入点和无线网络提供目标的位置进行估计。环境信息中很重要的一点是空间位置信息，如果可以获得节点的当前位置，那么许多实用的个性化功能就能实现。

一、室内定位的特点

与传统的卫星定位及蜂窝定位技术不同，室内定位的环境范围较小、直达波路径缺失严重、信道非平稳。室内定位技术在定位精度、稳健性、安全性、方向判断、标志识别及复杂度等方面有着自身的特点。

（一）定位精度

定位精度是一个定位系统的最重要指标，尤其是对于相对狭小的室内环境而言。近年来相关的研究工作开始追求更高的点位精度，如室内机器人定位就要求定位精度必须满足机器人在房间内自由运动的要求。更高精度的定位信息会带来更大的便利，例如若能普及廉价的高精度室内（或区域）定位技术，则目前工业自动化生产的效率会大幅度提高。

（二）稳健性

对于室内环境而言，目标位置的相对改变程度往往很大，这就要求定位技术具有很好的自适应性能，并且拥有很高的容错性。这样在室内环境并不理想的情况下，定位系统仍能提供位置信息。此外，系统稳健性的提高也可以减小维护的难度。

（三）安全性

所有的定位系统都必须注意安全性问题。对于室内定位而言，很大一部分应用需求都是针对个人用户的，而私人信息往往不愿被公开，这就使得室内定位系统在面向个人用户时必须满足信息交换的安全性要求。

（四）方向判断

室内定位的方向判断问题与卫星导航的方向判断问题一样，都是要在判断出目标的方位后，进一步判断目标未来的运动趋势。该问题包括运动时和静止时的方向判断。

（五）标志识别

室内环境往往具有一些"标志性"目标，如门牌、办公桌等，利用这些标志自身的特点，可以大大提高定位精度，因此一个好的室内定位系统应该具有完善的标志识别功能。

二、室内定位技术分类

室内定位涉及很多技术标准及学科，因此按照不同的分类标准，室内定位有多种分类方式。

按定位位置信息分类，可将室内定位分为物理位置定位、符号位置定位、绝对位置定位和相对位置定位。在物理位置定位中，位置信息用二维或三维坐标的形式表示，如度、分、秒坐标系或通用墨卡托网络坐标系；绝对位置定位通过使用与其他系统共享的参考节点或网络实现位置信息的显示；相对位置定位则使用其自身建立的位置参考框架，通常通过寻找邻近参考节点来实现定位和位置信息的显示。

按传感器的拓扑结构分类，室内定位可分为远程室内定位、自定位室内定位、间接远程室内定位和间接自定位室内定位。

按所使用的测量信息分类，室内定位可分为基于信号到达时间的室内定位、基于信号到达时间差的室内定位、基于信号到达角的室内定位及基于接收信号强度指示的室内定位。基于信号到达时间的室内定位需要节点间的同步时间精确，而且无法用于松散耦合型目标的定位；基于信号到达时间差的室内定位受到超声波传播距离限制（超声波信号传播距离仅有 50 ~ 75 cm，因此网络节点需要密集部署）和非视距（non-line-of-sight，NLOS）因素的影响；基于信号到达角的室内定位易受外界环境影响，不仅需要额外的硬件，而且在硬件尺寸和功耗上可能无法用于无线传感器网络节点。

按是否基于测距分类，室内定位可分为基于测距的定位机制室内定位和无须测距的定位机制室内定位。目前学界使用各种估算法来减小测距误差对定位的影响，包括多次测量、循环定位求解，这些方法都要产生大量计算、通信开销。因此基于测距的定位机制室内定位虽然在定位精度上能满足要求，但并不适用于低功耗、低成本的应用前提。相反，无须测距的定位机制得到了学界的很大关注，如 DV-Hop、凸规划及 MDS-MAP 等就是典型的无须测距的定位算法。

三、常见的室内定位技术

（一）红外线室内定位

红外线是波长介于微波与可见光之间的电磁波，波长在 770 nm ~ 1mm，在光谱上位于红色光外侧。用于红外线室内定位的红外线光谱部分，其中心波长通常为 830 ~ 950 nm。

红外线室内定位通常由两部分组成，即红外线发射器和红外光学接收器。通常，红外线发射器是网络的固定节点，而红外光学接收器安装在待定位目标上，作为移动终端。红外线室内定位的优点是定位精度高，反应灵敏，单个器件成本低廉。但它的缺点也显而易见：①光线直线传播，使得红外线室内定位受限于视距定位。②红外线在空气中衰减很大，因此它只适用于短距传播，限制了系统的应用范围。③阳光或其他光源也可能对其产生干扰，影响红外信号的正常传播。基于以上特点，红外线室内定位在实际应用中存在着一定的局限性。

（二）超声波室内定位

超声波是指超出人耳听力阈值上限 20 kHz 的声波，可在固、液、气三种形态的弹性介质中传播。超声波在空气中的振荡频率较低，用于室内定位的超声波频率通常只有 40 kHz。超声波波速会随着温度 T 的升高而加快。

超声波定位的优点在于定位精度相对较高，单个器件结构简单，但它的缺陷也很明显。超声波的反射、散射现象很普遍，在室内尤其严重，有着很强的多路径效应。此外，超声波在空气中的衰减也很明显，需要铺设大量的硬件网络设施，因此系统成本很高。通常很少有仅采用超声波作为测量手段的定位系统，往往需要通过与其他方式相结合来实现定位。

（三）蓝牙室内定位

蓝牙定位是一种基于接收信号强度指示的定位方式，与其他室内定位技术相比，蓝牙手机定位具有成本较低、使用方便等优点，虽然定位精度不高，但已在很多应用可接受范围内。当前蓝牙硬件成本已下降到了比较合理的水平，在手机和计算机上使用非常广泛。传统的蓝牙设备体积小，便携式笔记本、手机等移动终端里大多集成有蓝牙模块，因此基于传统蓝牙的室内定位技术具备了推广普及的基础。理论上，只要室内范围装有合适的蓝牙局域网接入点，并将网络模式设置为多用户环境下的基础网络连接模式，则当移动终端的蓝牙功能开启时，系统就能够获取当前用户的位置信息。不仅如此，采用蓝牙技术实现室内短距离定位时，能迅速发现并连接设备，并且信号的传输不受视距的影响。

通常基于蓝牙的定位系统采用两种测量算法，即基于传播时间的测量算法和基于信号衰减的测量算法。对于前者，由于室内环境多变，所以存在多路径效应，为了减少误差必须采用纳秒级的同步时钟，但这在实际应用中很难实现。对于后者，又存在两种截然不同的思路：第一种思路是完全根据理论公式（即无线电信号能量的衰减与距离的平方成反比）进行计算，但由于实际应用时，信号的衰减是受多种因素影响的，并非只取决于距离，所以仅根据理性化的模型推导出来的公式进行定位，结果往往不尽如人意；第二种思路则是基于经验的定位方法进行计算，在定位前需要事先测定目标区域内多个参考点的信号强度，并将这一系列数据建库，实际定位时，仅需将移动终端收到的信号强度与上述数据库进行匹配，即可完成定位，这种方法的定位精度与数据库的翔实程度密切相关。

（四）射频识别室内定位

射频识别是指通过射频集成电路发送电磁波信号并进行采集和存储的技术。射频识别室内定位技术主要由射频识别标签、射频识别阅读器两部分组成，是一种非接触式的自动识别技术。射频识别阅读器接收来自射频识别标签的信号，二者之间的通信则使用特定的射频信号及相关协议完成。射频识别标签又可以分为主动和被动两类。

主动射频识别标签是一个小型的信号发射器，当接收到询问信号时它能主动发射身份识别等信息。其优点在于天线较短且信号覆盖范围较大。

被动射频识别标签的工作不需要电源驱动，而是通过射频识别阅读器发射的射频信号进行驱动。被动射频识别标签是传统条形码技术的替代品，相较于主动射频识别标签，其具有质量更轻、体积更小和成本更低等优点。但被动射频识别标签的传输距离非常有限，通常只有 $1 \sim 2\,m$。

（五）ZigBee 室内定位

ZigBee 由"Zig"和"Bee"两个单词组成。"Zig"表示"之"字形的路径，"Bee"表示蜜蜂。ZigBee 无线传感器网络技术就是通过模仿蜜蜂跳舞传递信息的方式，利用网络节点之间的信息互传，将信息从一个节点传输到远处的另外一个节点。

ZigBee 是一种低速率无线通信规范，它基于 IEEE802.15.4 协议的物理层（PHY）和媒体接入控制子层（MAC）协议。ZigBee 的网络层、应用层及额外开发的安全层协议由 ZigBee 联盟规定。ZigBee 既非常适合无线传感器网络组建，也非常适合室内定位应用。目前，ZigBee 联盟已经针对定位应用开发了许多成熟的解决方案，如 TI 公司推出了带硬件定位引擎的片上系统 CC2431。CC2431 的工作原理是：首先根据接收信号强度指示与已知信标节点位置，准确计算出待定位节点位置，然后将位置信息发送给接收端。相较于集中型定位系统，基于接收信号强度指示定位方法对网络吞吐量与通信延迟要求不高，在典型应用中可实现 $3 \sim 5\,m$ 的定位精度和 $0.25\,m$ 的分辨率。

（六）移动机器人同步定位与地图创建室内定位

移动机器人同步定位与地图创建主要用在机器人定位领域，是一个自适应室内定位系统。移动机器人同步定位与地图创建是指机器人在一个未知的环境中，从一个未知的位置开始，通过对环境的观测，递增地构建环境地图，并同时运用环境地图实现机器人的定位。目前，可以采用单个电荷耦合器件（CCD）摄像头和里程计组合的方法来实现移动机器人的同步定位与地图创建。首先从多个不同角度获取同一场景的多幅连续影像，利用连续影像相邻的两帧进行变化检测，以此来反求拍摄时相机头的旋转角度，并在里程计信息的辅助下得到机器人的位置姿态。在此基础上，利用三角法计算特征点在当前机器人坐标系中的坐标位置，进而创建地图。该方法最大的干扰就是要求所拍摄的影像中不能有移动目标，如果有，必须去除移动目标才能进行解算，所以在实际应用中需要较多的人工干预。

第三章　地理信息系统与应用

第一节　地理信息系统概述

一、地理信息系统的概念

地理信息系统的概念含义和组成内容一直在不断发生变化，作为信息应用科学，这证明了其与需求和技术发展的密切关系。

（一）地理信息系统的定义

地理信息系统（GIS）是对地理空间实体和地理现象的特征要素进行获取、处理、表达、管理、分析、显示和应用的计算机空间或时空信息系统。

地理空间实体是指具有地理空间参考位置的地理实体特征要素，具有相对固定的空间位置和空间相关关系、相对不变的属性变化、离散属性取值或连续属性取值的特性。在一定时间内，在空间信息系统中仅将其视为静态空间对象进行处理表达，即进行空间建模表达。只有在考虑分析其随时间变化的特性时，即在时空信息系统中，才将其视为动态空间对象进行处理表达，也就是时空变化建模表达。就属性取值而言，地理实体特征要素可以分为离散特征要素和连续特征要素两类。离散特征要素如城市的各类井、电力和通信线的杆塔、山峰的最高点、道路、河流、边界、市政管线、建筑物、土地利用和地表覆盖类型等，连续特征要素如温度、湿度、地形高程变化、NDVI指数、污染浓度等。

地理现象是指发生在地理空间中的地理事件特征要素，具有空间位置、空间关系和属性随时间变化的特性。需要在时空信息系统中将其视为动态空间对象进行处理表达，即记录位置、空间关系、属性之间的变化信息，进行时空变化建模表达。这类特征要素如台风、洪水过程、天气过程、地震过程、空气污染等。

空间对象是地理空间实体和地理现象在空间或时空信息系统中的数字化表达形式。具有随着表达尺度而变化的特性。空间对象可以采用离散对象方式进行表

32

达，每个对象对应于现实世界的一个实体对象元素，具有独立的实体意义，称为离散对象。空间对象也可以采用连续对象方式进行表达，每个对象对应于一定取值范围的值域，称为连续对象或空间场。

离散对象在空间或时空信息系统中一般采用点、线、面和体等几何要素表达。根据表达的尺度不同，离散对象对应的几何元素会发生变化，如一个城市，在大尺度上表现为面状要素，在小尺度上表现为点状要素。如河流在大尺度上表现为面状要素，在小尺度上表现为线状要素等。这里尺度的概念是指制图学的比例尺，地理学的尺度概念则与之相反。

连续对象在空间或时空信息系统中一般采用栅格要素进行表达。根据表达的尺度不同，表达的精度会随栅格要素的尺寸大小变化。这里，栅格要素也称为栅格单元，在图像学中又称为像素或像元。数据文件中栅格单元对应于地理空间中的各空间区域，形状一般采用矩形。矩形的一个边长的大小称为空间分辨率。分辨率越高，表示矩形的边长越短，代表的面积越小，表达精度越高；分辨率越低，表示矩形的边长越长，代表的面积越大，表达的精度越低。

地理空间实体和地理现象特征要素需要经过一定的技术手段，对其进行测量，以获取其位置、空间关系和属性信息，如采用野外数字测绘、摄影测量、遥感、全球定位系统以及其他测量或地理调查方法，经过必要的数据处理，形成地形图、专题地图、影像图等纸质图件或调查表格，或形成数字化的数据文件。这些图件、表格和数据文件需要经过数字化或数据格式转换，形成某个地理信息系统软件所支持的数据文件格式。目前，测绘地理信息部门所提倡的内外业一体化测绘模式，就是直接提供地理信息系统软件所支持的数据文件格式的产品。

对于获取的数据文件产品，虽然在格式上支持地理信息系统的要求，但它们仍然是地图数据，不是地理信息系统地理数据。将地图数据转化为地理信息系统地理数据，还需要利用地理信息系统软件，对其进行处理和表达。不同的商业地理信息系统软件，对地图数据转化为地理信息系统地理数据的处理和表达方法存在差别。

地理信息系统地理数据是根据特定的空间数据模型或时空数据模型，即对地理空间对象进行概念定义、关系描述、规则描述或时态描述的数据逻辑模型，按照特定的数据组织结构，即数据结构，生成的地理空间数据文件。对于一个地理信息系统应用来讲，会有一组数据文件，称为地理数据集。

一般来讲，地理数据集在地理信息系统中多数都采用数据库系统进行管理，但少数也采用文件系统管理。这里，数据管理包含数据组织、存储、更新、查询、访问控制等含义。就数据组织而言，数据文件组织是其内容之一。地理数据集是地理信息在地理信息系统中的数据表达形式。为了地理数据分析的需要，还需要构造一些描述数据文件之间关系的一些数据文件，如拓扑关系文件、索引文件等，这些文件之间也需要进行必要的概念、关系和规则定义，这些数据文件形成了数据库模型，其物理结构称为数据库结构。数据模型和数据结构是文件级的，数据库模型和数据库结构是数据集水平的，理解上应加以区别。但在地理信息系统中，由于它们之间存在密切关系，一些教科书往往会将其一起讨论，不做明显区分。针对一个特定的地理信息系统应用，数据组织还应包含对单个数据库中的数据分层、分类、编码、分区组织，以及多个数据库的组织内容。

空间分析是地理信息系统的重要内容。地理空间信息是对地理空间数据进行必要的处理和计算，进而对其解释所产生的一种知识产品。这种对地理空间数据处理的方法形成了地理信息系统的空间分析功能。

显示是对地理空间数据的可视化处理。一些地理信息需要通过计算机可视化方式展现出来，以帮助人们更好地理解其含义。

应用指的是地理信息如何服务于人们的需要。只有将地理信息适当应用于人们的认识行为、决策行为和管理行为，才能满足人们对客观现实世界的认识、实践、再认识、再实践的循环过程，这正是人们建立地理信息系统的根本目的。

从上述概念我们可以看出，地理信息系统具有以下五个基本特点。

特点一：地理信息系统是以计算机系统为支撑的。地理信息系统是以信息应用为目的，建立在计算机系统架构之上的信息系统。地理信息系统由若干相互关联的子系统构成，如数据采集子系统、数据管理子系统、数据处理和分析子系统、图像处理子系统、数据产品输出子系统等。这些子系统功能，直接影响在实际应用中对地理信息系统软件和开发方法的选型。由于计算机网络技术的发展和信息共享的需求，地理信息系统发展为网络地理信息系统是必然的。

特点二：地理信息系统操作的对象是地理空间数据。地理空间数据是地理信息系统的主要数据来源，具有空间分布特点。就地理信息系统的操作能力来讲，其完全适用于具有空间位置但不是地理空间数据的其他空间数据。空间数据的最根本特点是，每一个数据都按统一的地理坐标进行编码，实现对其定位、定性和定量描述。只有在地理信息系统中，才能实现空间数据的空间位置、属性和时态三种基本特征的统一。

特点三：地理信息系统具有对地理空间数据进行空间分析、评价、可视化和模拟的综合利用优势。地理信息系统采用的数据管理模式和方法具备对多源、多类型、多格式的空间数据进行整合、融合和标准化管理的能力，为数据的综合分析利用提供了技术基础，可以通过综合数据分析，获得常规方法或普通信息系统难以得到的重要空间信息，实现对地理空间对象和过程的演化、预测、决策和管理能力。

特点四：地理信息系统具有分布特性。地理信息系统的分布特性是由其计算机系统的分布性和地理信息自身的分布特性共同决定的。地理信息的分布特性决定了地理数据的获取、存储和管理，地理分析应用具有地域上的针对性，计算机系统的分布性决定了地理信息系统的框架是分布式的。

特点五：地理信息系统的成功应用更强调组织体系和人的因素的作用，这是地理信息系统的复杂性和多学科交叉性所要求的。地理信息系统工程是一项复杂的信息工程项目，具有软件工程和数字工程两重性质。在工程项目设计和开发时，需要考虑二者之间的联系。地理信息系统工程涉及多个学科的知识和技术的交叉应用，需要配置具有相关知识和技术能力的人员队伍。因此，在建立实施该项工程的组织体系和人员知识结构方面，需要充分认识该项工程活动的特殊性要求。

（二）地理信息系统的组成

地理信息系统不同于一般意义上的信息系统，对地理空间数据进行处理、管理、统计、显示和分析应用，它比传统的管理信息系统、CAD 系统要复杂得多，特别是在数据管理、显示和空间分析方面，在系统的组成方面是多种技术应用的集成体。

1. 信息系统的概念及其类型

信息系统是具有采集、管理、分析和表达数据能力，并能回答用户一系列问题的系统。

在计算机信息时代，信息系统部分或全部由计算机系统支持，并由硬件、软件、数据和用户四大要素组成。计算机硬件包括各类计算机处理及终端设备；软件是支持数据采集、存储、加工、再现和回答问题的计算机软件系统；数据则是系统分析与处理的对象，构成系统的应用基础；用户是信息系统服务的对象。另外，智能化的信息系统还应包括知识。

根据信息系统所执行的任务，信息系统可分为事务处理系统、决策支持系统、管理信息系统、人工智能和专家系统。事务处理系统强调的是对数据的记录和操作，主要用来支持操作层人员的日常活动，处理日常事务，例如民航订票系统就是一种典型的事物处理系统。决策支持系统是用来获得辅助决策方案的交互计算系统，一般由语言系统、知识系统和问题处理系统共同组成。管理信息系统需要包含组织中的事务处理系统，并提供内部综合形式的数据，以及外部组织的一般范围的数据。人工智能和专家系统是模仿人工决策处理过程的计算机信息系统。它扩大了计算机的应用范围，将其由单纯的资料处理发展到智能推理上来。

完整的地理信息系统主要由五个部分组成，即硬件系统、软件系统、数据、空间分析和人员。

硬件系统是地理信息系统的支撑，软件系统是地理信息系统的功能驱动，硬件和软件系统决定地理信息系统的框架；数据是系统操作的对象；空间分析是其重要的功能，为地理信息系统解决各类空间问题提供分析应用工具；人员主要由系统管理人员、系统开发人员、数据操作处理、数据分析人员结构和终端用户等组成，他们共同决定系统的工作方式和信息表示方式。

2. 地理信息系统硬件组成

计算机硬件系统是计算机系统中的实际物理设备的总称，是构成地理信息系统的物理架构支撑。根据构成地理信息系统规模和功能的不同，它分为基本设备和扩展设备两大部分。基本设备部分包括计算机主机（含鼠标、键盘、硬盘、图形显示器等）、存储设备（光盘刻录机、磁带机、光盘塔、活动硬盘、磁盘阵列等）、数据输入设备（数字化仪、扫描仪、光笔、手写笔等），以及数据输出设备（绘图仪、打印机等）。扩展设备部分包括数字测图系统、图像处理系统、多媒体系统、虚拟现实与仿真系统、各类测绘仪器、全球定位系统、数据通信端口、计算机网络设备等。它们用于配置地理信息系统的单机系统、网络系统（企业内部网和因特网系统）、集成系统等不同规模模式，以及以此为基础的普通地理信息系统综合应用系统（如决策管理地理信息系统）、专业地理信息系统（如基于位置服务的导航、物流监控系统）、能够与传感器设备联动的集成化动态监测 GIS 应用系统（如遥感动态监测系统）或以数据共享和交换为目的的平台系统（如数字城市、智慧城市共享平台）。

二、地理信息系统的科学基础

地理信息系统的科学理论基础是地球系统科学、地球信息科学、地理信息科学与地球空间信息科学等不同学科的交叉以及一切与获取、处理和分析空间数据有关的科学技术的支撑。

（一）地球系统科学

地球系统科学是研究地球系统的科学。地球系统是指由大气圈、水圈、陆圈（岩石圈、地幔、地核）和生物圈（包括人类自身）四大圈层组成的作为整体的地球。

地球系统包括了自地心到地球的外层空间的广阔范围，是一个复杂的非线性系统。在它们之间存在着地球系统各组成部分之间的相互作用，物理、化学和生物三大基本过程之间的相互作用，以及人与地球系统之间的相互作用。地球系统科学作为一门新的综合性学科，将构成地球整体的四大圈层作为一个相互作用的系统，研究其构成、运动、变化、过程、规律等，并与人类生活和活动结合起来，借以了解现在和过去，预测未来。地球科学作为一个完整的、综合性的观点，它的产生和发展是人类为解决所面临的全球性变化和可持续发展问题的需要，也是科学技术向深度和广度发展的必然结果。

就人类当前面临的人与自然的问题而言，如气候变暖、臭氧洞的形成和扩大、沙漠化、水资源短缺、植被破坏和物种大量消失等问题的解决，已不再是局部或区域性问题。就学科内容而言，这些问题已远远超出了单一学科的范畴，涉及大气、海洋、土壤、生物等各类环境因子，又与物理、化学和生物过程密切相关。因此，只有从地球系统的整体着手，才有可能弄清这些问题产生的原因，并寻找到解决这些问题的办法。从科学技术的发展来看，对地观测技术的发展，特别是由全球定位系统、遥感、地理信息系统组成的对地观测与分析系统，提供了对整个地球进行长期立体监测的能力，为收集、处理和分析地球系统变化的海量数据，建立复杂的地球系统的虚拟模型或数字模型提供了科学工具。

由于地球系统科学面对的是综合性问题，应该采用多种科学思维方法，这就是大科学思维方法，包括系统方法、分析与综合方法、模型方法。

系统方法是地球系统科学的主要科学思维方法。这是因为地球系统科学本身就是将地球作为整体系统来研究的。这一方法体现了在系统观点指导下的系统分析和在系统分析基础上的系统综合的科学认识的过程。

分析与综合方法是从地球系统科学的概念和所要解决的问题来看的，是地球系统科学的科学思维方法。包括从分析到综合的思维方法和从综合到分析的思维方法，实质上是系统方法的扩展和具体化。

模型方法是针对地球系统科学所要解决的问题及其特点，建立正确的数学模型，或地球的虚拟模型、数字模型，是地球系统科学的主要科学思维方法之一。这对研究地球系统的构成的内容描述、变化过程推演、变化预测等是至关重要的。

关于地球系统科学的研究内容，目前得到国际公认的主要包括气象和水系、生物化学过程、生态系统、地球系统的历史、人类活动、固体地球、太阳影响等。

综上所述，可以认为，地球系统科学是研究组成地球系统的各个圈层之间的相互关系、相互作用机制，地球系统变化规律和控制变化的机理，从而为预测全球变化、解决人类面临的问题建立科学基础，并为地球系统科学管理提供依据。

（二）地球信息科学

地球信息科学是地球系统科学的组成部分，是研究地球表层各要素信息流，或地球表层资源与环境、经济与社会的综合信息流的科学。就地球信息科学的技术特征而言，它是记录、测量、处理、分析和表达地球参考数据或地球空间数据的科学。

"信息流"这一概念是陈述彭院士在1992年针对地图学在信息时代面临的挑战而提出的。他认为，地图学的第一难关是解决地球信息源的问题。在16世纪以前，人类主要是通过艰苦的探险、组织庞大的队伍和采用当时认为的最先进的技术装备来解决这个问题；到了16—19世纪，地图信息源主要来自大地测量及建立在三角测量基础上的地形测图；20世纪前半叶，地图信息源主要来自航空摄影和多学科综合考察；20世纪后半叶，地图信息源主要来自卫星遥感、航空遥感和全球定位系统。21世纪，地图信息源主要来自由卫星群、高空航空遥感、低空航空遥感、地面遥感平台，并由多光谱、高光谱、微波以及激光扫描系统、定位定向系统（POS）、数字成像成图系统等共同组成的星、机、地一体化立体对地观测系统；可基于多平台、多谱段、全天候、多分辨率、多时相对地球进行观测和监测，极大地提高信息获取的手段和能力。但事实上，无论信息源是什么，其信息流程都明显表现为"信息获取→存储检索→分析加工→最终视觉产品"。在信息化、网络化时代，信息更不是静止的，而是动态的，信息流程还应表现为"信息获取→存储检索→分析加工→最终视觉产品→信息服务"这一完整过程。

地球信息科学属于边缘学科、交叉学科、综合学科。它的基础理论是地球科学理论、信息科学理论、系统理论和非线性科学理论的综合，是以信息流作为研究主题，研究地球表层的资源、环境和社会经济等一切现象的信息流过程，或以信息作为纽带的物质流、能量流，包括人才流、物流、资金流等的过程。这些都被认为是由信息流所引起的。

国内外的许多著名专家都认为"3S"技术，或者说地球信息科学的研究手段，就是由遥感、地理信息系统和全球定位系统构成的立体的对地观测系统，其运作特点是：在空间上是整体的，而不是局部的；在时间上是长期的，而不是短暂的；在时序上是连续的，而不是间断的；在时相上是同步的、协调的，而不是异相的、分属于不同历元的；在技术上不是孤立的，而是由遥感、地理信息系统和全球定位系统三种技术集成的。

在对地观测系统中，遥感技术为地球空间信息的快速获取、更新提供了先进的手段，并通过遥感图像处理软件、数字摄影测量软件等提供影像的解译信息和地学编码信息。地理信息系统则对这些信息加以存储、处理、分析和应用，而全球定位系统则在瞬间提供对应的三维定位信息，作为遥感数据处理和形成具有定位定向功能的数据采集系统、具有导航功能的地理信息系统的依据。

（三）地理信息科学

地理信息科学是信息时代的地理学，是地理学信息革命和范式演变的结果。它是关于地理信息的本质特征与运动规律的一门科学，它研究的对象是地理信息，是地球信息科学的重要组成部分。

地理信息科学的提出和理论创建，来自两个方面，一是技术与应用的驱动，这是一条从实践到认识，从感性到理论的思想路线；二是科学融合与地理综合思潮的逻辑扩展，这是一条理论演绎的思想路线。在地理信息科学的发展过程中，两者相互交织、相互促动，共同推进地理学思想发展、范式演变和地理科学的产生与发展。地理信息科学本质上是在两者的推动下地理学思想演变的结果，是新的技术平台、观察视点和认识模式下的地理学新范式，是信息时代的地理学。人类认识地球表层系统，经历了从经典地理学、计量地理学到地理信息科学的漫长历史时期。不同的历史阶段，人们以不同的技术平台，从不同的科学视角出发，得到关于地球表层的不同的认知模型。

地理信息科学主要研究在应用计算机技术对地理信息进行处理、存储、提取以及管理和分析过程中所提出的一系列基本理论和技术问题，如数据的获取和集成、分布式计算、地理信息的认知和表达、空间分析、地理信息基础设施建设、地理数据的不确定性及其对于地理信息系统操作的影响、地理信息系统的社会实践等，并在理论、技术和应用三个层次，构成地理信息科学的内容体系。

（四）地球空间信息科学

地球空间信息科学是以全球定位系统、地理信息系统、遥感为主要内容，并以计算机和通信技术为主要技术支撑，用于采集、量测、分析、存储、管理、显示、传播和应用与地球和空间分布有关数据的一门综合和集成的信息科学和技术。地球空间信息科学是地球科学的一个前沿领域，是地球信息科学的一个重要组成部分，是以"3S"技术为代表，包括通信技术、计算机技术的新兴学科。其理论与方法还处于初步发展阶段，完整的地球空间信息科学理论体系有待建立，一系列基于"3S"技术及其集成的地球空间信息采集、存储、处理、表示、传播的技术方法有待发展。

地球空间信息科学作为一个现代的科学术语，是20世纪80年代末90年代初才出现的。而作为一门新兴的交叉学科，由于人们对它的认识各不相同，出现了许多相互类似，但又不完全一致的科学名词，如地球信息机理、图像测量学、图像信息学、地理信息科学等。这些名词的出现，无一不与现代信息技术，如遥感、数字通信、互联网络、地理信息系统的发展密切相关。地球空间信息科学与地理空间信息科学在学科定义和内涵上存在重叠，甚至人们认为是针对同一个学科内容，从不同角度给出的科学名词。从测绘的角度理解，地球空间信息科学是地球科学与测绘科学、信息科学的交叉学科。从地理科学的角度理解，地球空间信息科学是地理科学与信息科学的交叉学科。但地球空间信息科学的概念要比地理信息科学广，它不仅包含了现代测绘科学的全部内容，还包含了地理空间信息科学的主要内容，而且体现了多学科、技术和应用领域知识的交叉与渗透，如测绘学、地图学、地理学、管理科学、系统科学、图形图像学、互联网技术、通信技术、数据库技术、计算机技术、虚拟现实与仿真技术，以及规划、土地、资源、环境、军事等领域。

第二节　地理信息系统工程设计与开发

一、地理信息系统工程设计与评价模式

地理信息系统工程是将地理信息系统的应用看作一项信息工程项目进行建设和管理的。除了遵循一般工程项目建设和管理要求外，其自身还有一些特殊要求需要满足。

（一）地理信息系统工程的设计模式

在长期的地理信息系统工程的开发实践中，人们总结出了工程开发的模式，这对指导地理信息系统工程设计具有重要作用。早在 1972 年，卡尔金斯（Calkins）就提出了信息系统的设计模式，后来经过多次修改才形成了今天的模式。这个模式是基于结构化的设计模式。

这个设计模式由 4 个阶段组成：①通过访问用户，调查用户的需求和数据源，确定系统的目的、要求和规定。②描述和评价与系统设计过程有关的资源和限定因素。③根据规定要求拟定不同系统，并说明和评价这些系统。④对拟订的系统作最后的评价，从中选择一个运行系统。该模式的重点是强调对用户的调查和系统功能分析。

（二）地理信息系统工程的评价模式

除硬件外，软件和数据库都由系统设计人员来完成，有时还包括处理空间数据的某个专门硬件等情况。对于大多数处理空间数据的软件系统、数据库系统已经存在的情况，设计人员需要基于现有的资源基础进行系统设计。因此，Calkins对设计模式进行了重要修改，其主要思想是强调对已存在的建设成果的利用，强调了对它们的作用评价，并采用了地理信息系统和软件工程的一些设计理论。

二、地理信息系统工程设计过程和内容

对地理信息系统工程设计的过程、内容和设计要点的理解是成功建设地理信息系统项目的关键。地理信息系统工程既是数据工程，又是软件工程，且两个特点相互影响和制约，在工程设计中必须兼顾考虑。

（一）地理信息系统工程设计过程

地理信息系统工程设计涉及软件系统设计、硬件环境设计和数据库设计等内容，是一个综合的系统工程。工程因素和工程内容涉及多种知识理论和技术方法的综合应用。一个成功的地理信息系统工程建设需要地理信息系统专家和相应应用领域专家密切配合，协调完成。

1. 系统分析

系统分析主要包括需求分析和可行性研究。在用户提供所需的信息、提出所要解决的问题的基础上，调查和收集相关资料，获取用户需求，分析相关资料和技术，并在对成本、效益、技术等进行可行性分析评价的基础上，提出最佳解决方案，回答用户问题。

2. 系统设计

系统设计包括总体设计和详细设计。总体设计包括系统的目标和任务设计、模块子系统设计、计算机硬件系统设计、软件系统设计等。通过总体设计，能够解决子系统之间联系与集成问题和软件、硬件的选型问题，确定系统的总体框架结构，进行相关技术选择，制定或选择技术标准，安排系统实施计划和策略，组织开发队伍，完成系统开发费用预算等。详细设计包括数据库设计和系统功能的设计。通过详细设计，能够明确数据采集、处理、存储、管理的具体内容和技术，特别是系统的坐标系统选择、数据的类型和内容、数据的组织方法、数据的存储和管理模式等。系统功能设计包括软件模块的功能、模块的集成方法、模块的软件开发方法、系统的用户界面设计等。

3. 系统的实施

系统的实施主要是数据库建库和软件编程与系统的调试。数据建库是将编辑好的地理空间数据装入数据库，置于数据库管理系统的管理之下的过程。数据建库包括设计数据文件的定义、属性的定义、空间数据和属性数据的录入、空间索引的建立等。软件的编程是功能模块代码化的过程。系统调试包括软件的模块调试、子系统调试、系统的总调试等，以及对非地理信息系统专业的用户进行技术培训。它们都必须具有相应的具体实施方案。

4. 系统的运行维护

系统的运行和维护主要是将系统交付用户试运行，并对系统进行积极稳妥维护的过程。需要提出系统维护的方案。

上述的设计内容均应建立档案，作为系统开发和维护持续运行的技术文档依据。

（二）地理信息系统工程设计的内容

地理信息系统工程设计是由设计团队共同完成的，其组成人员包括决策人员、顾问人员、地理信息系统用户、地理信息系统项目管理人员、数据库设计人员、数据库建库人员、系统设计人员和系统程序员等。

地理信息系统工程决策者和管理者是管理人员，系统设计者、系统程序员、数据库设计者和数据库建库者是工程的设计与开发人员。

地理信息系统项目管理人员的主要职责包括制定并实现地理信息系统应用的规划和地理信息系统产品的规划、选择软硬件、与用户协商、交流、人力资源管理、预算与资金筹措以及向决策者和技术顾问报告等。

数据库设计者的职责包括地理信息系统数据库设计、数据库更新与维护、制定地图生产和地理信息系统数据输出方案、地理信息系统数据建库、地理空间数据的质量控制以及制定数据获取方案等。

数字地图制作者的职责包括已有地图数据的编辑、地图数字化、属性数据输入、遥感和摄影测量数据的获取、数字地图的设计与数字地图的生产等。

系统操作员的职责包括材料的管理、数据文件和程序的备份、软件库与管理手册的管理、用户需求的支持、用户的优先访问以及软件、硬件和其他相关设备的操作等。

程序员的职责包括数据转换和格式重构的编程、应用软件的编程、客户界面的开发以及解决数据文件和程序设计中的问题等。

（三）地理信息系统工程设计要点

地理信息系统工程设计是一项系统性工作，工程设计的各个环节必须有明确的响应，应关注成本、硬件环境、软件环境及功能、软件的销售商的服务、用户需求等相关问题。

成本分析包括工程建设成本和系统操作与维护更新成本。建设成本包括软件和硬件成本、数据输入成本、数据库管理成本、培训成本、应用软件成本、软硬件更新成本和其他的必要成本等。操作与维护更新成本包括硬件维护成本、数据库更新成本、数据分析成本、数据输出成本、数据建档和备份成本等。

硬件环境包括系统支撑的计算机环境和有关设施建设环境。软件系统包括地理信息系统平台软件、二次开发软件和其他必要的软件配置。

地理信息系统的功能包括地理空间数据的输入选择、数据模型和数据结构、数字化方法和工具、错误检查和改正、数据库管理系统等，地图投影和地图产品、地图拼接、拓扑结构、矢量和栅格之间的转换、叠加分析、空间和属性数据查询、空间数据测量、三维分析、网络分析等。

软件销售商的服务主要是为平台软件系统的升级维护所提供的服务承诺和许可条件，包括售后服务、新产品服务和服务的人员等。地理空间数据主要包括数据源、类型、数据更新、共享等方面的问题。用户需求是工程设计和建设的基础，是评价工程建设成功与否的关键，包括培训、提供元数据、在线帮助服务、数据访问和交换、应用等。

一个成功的地理信息系统工程取决于许多因素。

数据输入如果缺乏稳定可靠的数据源和数据输入的方法，地理信息系统工程将失去生命力。数据输入约占地理信息系统工程总成本的80%，所以数据输入是关键。更为重要的是，将地理信息系统工程所需要的地理空间数据进行选择和分类，并分别考虑其数字化的方法，保证数据输入的准确性。

如果数据库缺乏高质量的数据和更新机制，将成为垃圾数据。这是第二个关键，应建立数据质量的维护和日常的数据更新机制，保证数据库的实用性。

数据共享机制的缺乏将大大增加数据的成本。因此，良好的数据共享机制是减少数据输入总成本的关键，也是极大地利用数据库的有利措施。应有效解决政策和管理问题，以促进数据共享。

地理信息系统支持者的意见不统一会造成工程建设半途而废，所以地理信息系统工程支持者的共识是很重要的。不仅是地理信息系统工程的最高决策者，管理人员和工程人员都应该具有一致的意见。

教育和培训用户是保证系统正常运行和产生效益的基础。应该对三个层次的人员，即决策者、专业人员和技术人员进行培训。

在地理信息系统工程设计中，还需要注意一些可能造成工程失败的因素。

如果地理信息系统工程的决策者和设计者缺乏远见，对地理信息系统的应用和技术发展把握不准，则会造成系统效益不能充分发挥，还可能造成系统生命周期短。此外，地理信息系统工程的目的、指标不是由最高决策者确定的，他们仅仅是地理信息系统工程软、硬件订购的决策者。

缺乏长期的规划，会造成系统运行停滞，甚至彻底废止。人们应该认识到，地理信息系统工程是一个长期工程，需要运行 10 年以上。版本更新和数据更新的费用，有时没有列入预先的预算，这样就不能保证工程的正常运行。

缺乏决策者的支持，问题会变得异常严重。在一些情况下，一些管理地理信息系统工程的决策者换了他人，而这些人不是十分积极支持上一任决策者的思想，结果就可能造成地理信息系统工程的失败。缺乏充分的系统分析，也会造成地理信息系统工程的失败。

缺乏系统设计和开发经验等专业知识，就难以保证完成系统设计的要求。设计人员在缺乏专业知识时，经常会发生地理信息系统软、硬件选择不当和滥用的情况。因此应当经常聘请专业人员或专家进行咨询，对方案进行评价。

如果与用户的交流不够，用户需求就不能得到满足。对用户的培训和指导不够，就不可能实现地理信息系统工程最初设计和开发的设想。

三、地理信息系统工程的开发方式和方法

地理信息系统（GIS）工程开发是对地理信息系统设计成果的物理实现，是将设计结果转变为可以运行、产生效用的工程技术活动。

本节主要介绍地理信息系统软件的开发方式与开发方法。地理信息系统软件的开发方式是从地理信息系统软件的底层结构设计与程序编写出发的；地理信息系统软件开发方法是从系统的结构、运行平台和应用目的方面出发的。

（一）地理信息系统软件的开发方式

地理信息系统软件是对实现地理信息系统数据操作功能的程序实现。开发这样的软件，可以从底层结构设计和程序编写开始，称为独立式地理信息系统软件开发方式。考虑到地理信息系统软件的技术难度、复杂性、功能等因素，一般都是基于某个商业化的地理信息系统软件提供的开发环境进行二次开发，主要包括三种方式，即宿主式二次开发、组件式二次开发和开源式二次开发。

1. 独立式 GIS 软件开发方式

独立式地理信息系统软件开发不依赖任何已有的软件平台，从地理信息系统的功能需求出发，从原始的底层结构设计开始，应用支持数据库的图形、图像和属性操作的程序语言，如 C、VC、C++、C#、Java、Delphi 等，编程实现地理信

息系统的操作功能。这种开发方式因技术难度大、投入资源多、开发周期长等不利因素，在现有的地理信息系统工程应用中很少采用。但在某些技术难度要求较低、功能需求少或因为某些特定需求条件（如保密应用、军事应用等）不能基于已有的平台进行二次开发的情况下，可以采用这种方式，设计开发平台独立的地理信息系统软件。

2. 宿主式 GIS 二次开发方式

所谓宿主式地理信息系统二次开发，是编写的软件不能独立于所依托的平台软件独立运行。一些平台软件，如 ArcGIS、MapInfo 等都提供了 MapBasic、Python 等宿主开发语言，允许软件开发者开发一些新的地理信息系统功能部件或模块补充到平台地理信息系统软件。这种开发方式充分利用了平台地理信息系统软件的操作环境和已有的功能，实现一些复杂操作、综合操作、批处理操作和工具性操作等，具有宏语言编程和宏插件运行的特点。在地理信息系统软件的二次开发中具有一定的应用市场。

3. 组件式 GIS 二次开发方式

组件式地理信息系统二次开发是基于平台地理信息系统软件提供的组件模型，使用常用的程序开发语言，如 C、VC、C++、C#、Java、Delphi 等，开发在平台软件提供的 Runtime 运行库环境支持下可以独立于平台软件运行的开发方式。这种方式开发的软件有一个优点，即它可以完全根据用户的功能需求来定制软件的结构和功能，实现平台软件功能的个性化应用。其另外一个优点是可以与第三方平台软件提供的组件模型进行混合编程，或直接集成独立的第三方组件，为实现地理信息系统功能的客户化定制提供了灵活多样的开发和集成方法。组件式地理信息系统二次开发方式是目前地理信息系统工程应用方面广为采用的一种开发方式。

4. 开源式 GIS 二次开发方式

现在市场上有一些开放源代码的 GIS 软件，这些软件不仅已经具备了一定的地理信息系统功能，而且也提供了可供进一步开发的环境和接口。如 OpenLayer、GRASS、QGIS、WorldWind 等，以及像谷歌、天地图等专业网站，都提供了可供第三方进行应用开发的 API 接口，可以使用 C++、C#、VC、Java、JavaScript 等语言在开源协议支持下进行二次开发，并利用这些开源软件或网站提供的运行和服务环境来运行编写的程序。这是一种让程序二次开发具有活力和发展前途的开发方式，已经受到各界越来越多的关注。它的优点介于独立式和组件式之间，为一些地理信息系统的个性化应用提供了另一条途径。

（二）地理信息系统软件的开发方法

地理信息系统软件开发根据系统的结构、运行平台和应用目的不同，分为单机版、C/S 版、Web 版、移动版、云环境版和三维版等不同开发方法。

1. 单机 GIS 软件开发方法

单机 GIS 软件是运行在单一计算机环境的单用户 GIS 软件应用系统。在多数情况下，不需要与其他用户共享数据源和进行数据交换。这种单机的 GIS 软件经常用于解决专题应用和数量较少、对系统运行环境要求不高以及便于携带的情况。单机版的 GIS 软件应用系统结构相对简单，系统与外界交流相对封闭，数据库与软件在单机上运行，开发使用的平台 GIS 是单用户版本的。

2.C/S 环境 GIS 软件开发方法

C/S 环境的 GIS 软件运行在集中式多用户环境，数据集中存储和管理在专用的服务器上，GIS 软件运行在客户端上。不同的客户端软件执行不同的 GIS 应用功能，是一种子系统软件体系。客户端软件通过数据库驱动程序与服务器数据库连接，多个客户端软件共享同一个（组）数据库，一般不需要在服务器端开发专用的应用软件。开发方式多采用宿主式和组件式方式。因为开源平台软件多为 Web 环境运行，一般较少用于这类软件开发。C/S 环境的 GIS 应用软件基于的平台 GIS 软件是多用户版本的，这为系统的规模变化提供了基础，可以很方便地增减应用子系统。C/S 环境的 GIS 应用软件一般用于一个单位内基于局域网环境下协同完成任务的情况，所以工作流方法经常是子系统之间进行信息传递和交换的依据。子系统之间功能耦合关系几乎不存在，即不存在相互的功能调用情况，但数据耦合关系是紧密的，且是服从工作流要求的。一个子系统数据处理的结果往往是另一个子系统数据的输入，需要注意开发数据接口软件。

3.Web 环境 GIS 软件开发方法

Web 环境 GIS 应用软件运行在分布式多用户环境，数据和应用软件在物理上分布，在逻辑上集中部署。Web 环境 GIS 应用具有在数据和应用软件方面的松耦合关系。系统客户端与服务器之间不仅有数据交换关系，而且在功能上也可能存在远程调用的情况。这种系统的开发重点是客户端系统与服务器之间的接口，以及 Web 服务器与 GIS 服务器之间的接口。Web 环境 GIS 的开发在服务器端和客户端都可能存在。但现在多数平台 GIS 软件，只需要在服务器端配置发布的服务，并不需要复杂的软件开发，主要软件开发是在客户端。Web 环境 GIS 应用软件系统是一个开放的结构系统，跨平台互操作经常发生。宿主式、组件式和开源式开发方式适合这类应用软件开发。

开发语言一般选择跨平台性好的语言，如 C#、JavaScript、J2EE 等。Web 环境 GIS 应用软件分为瘦客户端和富客户端应用软件。富客户端应用软件提供客户端更丰富的 GIS 应用功能。目前支持富客户端开发的技术主要有 AJAX、Adobe Flash/Flex/AIR、Microsoft Silverlight、Sun JavaFX、Firefox 3（Prism, Tamarin, Iron Monky）和 Google（Gear，GWT，Chrome）等。ArcGIS 软件提供了多种富客户端开发的接口，如 ArcGIS Server for Flex、ArcGIS Server for SilverLight、ArcGIS Server for JavaScript 以及 Arc GIS Server for ADF 等。

4. 移动环境 GIS 软件开发方法

移动环境 GIS 应用软件是运行在移动通信网络环境和便携式智能终端设备的 WebGIS 软件或独立运行的软件（不使用与外界的通信），如智能手机、平板电脑。这类软件是基于智能终端操作系统的，如苹果公司的 iOS 系统、谷歌公司的 Android 系统等；有时还与 GPS 集成，形成具有定位、导航功能的 GIS 应用系统。这类应用系统通过无线移动通信网络与数据库和应用服务器连接来提供 GIS 的移动应用，因而得到快速发展和广泛应用。

目前，一些商业化的 GIS 平台软件都提供了面向智能终端的开发接口，如 ArcGIS Server for iOS、Arc GIS Server for Android 等。

5. 云环境 GIS 软件开发方法

云环境 GIS 应用软件的开发与所搭建的云环境有密切关系。一些 GIS 软件提供云环境的 GIS 应用开发，如 ArcGIS 软件。ArcGIS 软件为云环境 GIS 应用提供了解决方案。利用 ArcGIS 的 Web ADF 或对 ArcGIS API 进行一些修改，就可以直接使用地图服务。尽管 ArcGIS Server 尚未完全达到成熟的云环境，但是 ArcGIS Server 提供的是一个按需架构的可用组件，提供了供云 GIS 开发的 API 接口，即 ArcGIS Portal API for EC2。用户可以将缓存地图切片上传到效用计算供应商那里，如亚马逊的 S3，在云端创建数据中心。亚马逊将其云计算平台称为弹性计算云（Elastic Compute Cloud，EC2），S3 是其提供的简单云存储服务。

6. 三维 GIS 软件开发方法

构建系统时，人们常常希望在一个系统中能够同时包含二维和三维 GIS 的功能，能够实现二三维联动。例如，利用 ArcGIS Engine 提供的二维控件 MapControl 和三维控件 Globe Control 能够快速实现二三维联动。三维显示组件与二维显示组件可以集成使用，可以共享同一个工作空间和数据库连接，基于相同的数据集，既可以二维显示，也可以三维显示；使用空间分析组件，其分析的结果，既可以在二维组件显示，也可以在三维组件显示；甚至是二三维联动演示。

第三节　地理信息系统高级应用

一、数字地球、数字城市与智慧城市

自 1998 年提出数字地球的概念以来，建设数字地球和数字城市的计划在一些国家和地区迅速展开，并在技术应用方面不断发展。智慧地球和智慧城市正是这种发展的新阶段。

智慧地球和智慧城市通过物联网、动态感知网和云计算等技术，将数字地球和数字城市与现实地球和现实城市联系起来，极大地推动了人类利用地理空间信息的能力。同时，也推动了地理信息系统在专业领域的智能化建设进程。

（一）数字地球、数字城市与智慧城市的概念

数字地球是集多种现代信息技术为一体的计算机信息系统。关于"数字地球"概念的描述很多，如数字地球是关于地球的虚拟表达，并使人们能够探索和作用于关于地球的海量的自然与文化信息集合。

数字地球是一个多分辨率、多空间尺度的、虚拟表达的三维星球；具有海量的地理空间编码数据；可以使用无级放大率进行放大；在空间内的活动是不受限制的，而且在时间上也是如此。

数字城市是数字地球技术在特定区域的具体应用，是数字地球的重要组成部分，也是数字地球的一个信息化网络节点。因此，数字城市的框架应与数字地球相一致，只是在表达尺度上更注重微观表现，在深度和广度上存在区别。

数字城市通过宽带多媒体信息网络、地理信息系统等基础设施平台，整合城

市信息资源，建立电子政务、电子商务、劳动社会保障等信息系统和信息化社区，实现全市国民经济和社会信息化，是综合运用地理信息系统、遥感、全球定位系统、宽带多媒体网络及虚拟仿真技术，对城市基础设施功能机制进行动态监测管理以及辅助决策的技术体系。数字城市具备将城市地理、资源、环境、人口、经济、社会等复杂系统进行数字化、网络化、虚拟仿真、优化决策支持和可视化表现等的能力。

数字城市是一个结构复杂、周期很长的系统工程，在建设进度上必然会采取分期建设的方式。具体地讲，数字城市的基本内容和任务包括对城市区域的基础地理、基础设施、基本功能和城市规划管理、地籍管理、房产管理、智能交通管理、能源管理及企业和社会、工业与商业、金融与证券、教育与科技、医疗与保险、文化与生活等各个子领域经数字化后，建立分布式数据库，通过有线与无线网络，实现网上管理、网上经营、网上购物、网上学习、网上会商、网上影剧院等网络化生存，确保人地关系的协调发展。在科学层面上，数字城市可以理解为"现实城市"（实地客观存在）的虚拟对照体，是能够对城市"自然—社会—经济"复合系统的海量数据进行高效获取、智能识别、分类存储、自动处理、分析应用和决策支持的，既能虚拟现实又可直接参与管理和服务的城市综合系统工程。

在技术层面上，数字城市是以包括地理信息系统、全球卫星导航定位系统、遥感和数据库技术等在内的空间信息技术、计算机技术、现代通信信息网络技术及信息安全技术为支撑，以信息基础设施为核心的完整的城市信息系统体系。

在应用层面上，数字城市是在城市自然、社会、经济等要素构成的一体化数字集成平台上和虚拟环境中，通过功能强大的系统软件和数学模型，以可视化方式再现现实城市的各种资源分布状态，对现实城市的规划、建设和管理的各种方案进行模拟、分析和研究，促进不同部门、不同层次用户之间的信息共享、交流和综合，为政府、企业和公众提供信息服务。

智慧城市是数字城市的智能化结果，是数字城市功能的延伸、拓展和升华，通过物联网把数字城市与物理城市无缝连接起来，利用云计算技术对实时感知数据进行处理，并提供智能化服务，对包括政务、民生、环境、公共安全、城市服务、工商活动等在内的各种需求做出智能化响应和智能化决策支持。

（二）数字城市与智慧城市的关系

数字城市是物理（现实）城市的数字化表示，而智慧城市则是数字城市的智能化表示。现实城市、数字城市和智慧城市的区别可以通过它们对城市地理信息的记录方式加以区分。在数字城市出现以前，我们记录城市的方式主要是物理记录方式，如纸质图片、胶片视频、纸质地图和纸质文字等，信息使用的效果差。

数字城市记录城市的方式是数字化方式，如通过数字影像、三维数字模型、三维数字地形、数字地图和数据库等，信息使用效果好于物理记录方式，但存在智能化程度低的问题。

智慧城市记录城市的方式是在数字城市的基础上添加智能感知元素、智能计算元素和智能处理元素等，形成高度智能化的数字城市。这些智能元素主要有云计算、物联网、感知网和决策分析模型等。

数字城市是"物理城市"的虚拟对照体，两者是分离的；而"智慧城市"则是通过物联网和天空地感知网把"数字城市"与"物理城市"连接在一起，本质上是物联网与"数字城市"的融合。

（三）数字城市和智慧城市的框架

地理空间框架与地理信息公共平台是构建数字城市和智慧城市的基础。数字城市的技术框架为三层结构体系，分别由相互联系的支撑层、服务层、应用层构成，以及与三层结构体系相关的技术标准体系、技术支持和保障体系等。

支撑层主要是数字城市基础地理信息和专业领域的采集处理和存储的软硬件设备，由面向政务、专业和公众的不同版本的地理数据库组成，是建设"数字城市"的空间信息基础设施。

服务层是数字城市资源的管理者，也是服务的提供者。根据我国地理信息公共平台的建设要求，需要建立专业、政务和公众三个物理隔离的服务平台。考虑到对数据共享和分发服务的需求，应采用国际上流行的中间件技术来设计开放的公共数据服务和应用服务平台，符合数字城市自身的需求和扩展需求。其开放性表现在与国际和国家信息化，特别是国家空间信息网格建设的技术接轨。

应用系统层是面向城市各类用户提供基础地理信息服务的应用系统集合，主要向政府、企业、社会公众等提供规划、地籍、房产、土地、管线、地名、控制测量成果等空间信息查询、综合决策、三维虚拟城市及空间分析等功能。

政策法规、组织领导、标准体系与技术支持等是顺利完成和实现数字城市的重要软环境保障和支撑。制定必要的、具有针对性的政策法规，建立一个坚强有效的领导和协调体系机制，是建立严密的工程组织管理体系、质量保证体系的必要前提。建立和完善技术标准体系、研发和采用先进实用技术，是保证系统标准化、技术接轨以及系统可持续发展的技术基础。

数字城市建设是在宽带高速计算机网络的基础上，将通过数字测图、地图数字化、遥感及数字摄影测量、外部数据交换等手段采集到的各类基础地理信息存入相应的数据库系统，形成以数据中心为核心的高效数据存储管理体系。在数据库系统的基础上，通过以数据共享服务、应用服务为特征的数据存取中间件、应用服务中间件，为社会各阶层提供应用服务和决策支持。应用服务平台中的应用服务中间件、数据仓库、模型库、知识库、数据共享交换、元数据服务等各部分之间没有固定的层次关系，而是通过标准的互操作协议相互关联、协同工作，共同支持业务系统的实现。应用系统根据应用需求，在标准的服务协议支持下向服务平台请求各种中间件服务，完成系统的处理功能，实现系统的集成。

数字城市建设的核心技术是数据共享与交换网络建设，其中，数据中心和分中心的分布式网络化存取、管理是关键。

数据中心接收各职能部分数据中心提供的数据，通过统一的平台和接口为各应用系统和社会各阶层提供数据共享和交换服务，负责数据库系统的总体管理与设计，包括统一的数据结构、统一的公共参照系、统一的数据标准和规范，并负责数据的发布，以及数据中心数据库的建库、存储管理、数据备份、数据存档等工作。

数字城市的基础数据库体系主要由基础地图数据库、规划用地数据库、地籍数据库、房产数据库、市政管线数据库、土地数据库、控制测量成果数据库、地名数据库、影像数据库和元数据库等组成。这些基础数据库是多尺度的（多比例尺、多时相、多分辨率、多精度、多数据格式等）。

智慧城市的框架与数字城市的框架是一致的，但增加了智慧元素。在智慧信息基础设施建设中，物联网和感知网是非常重要的。一方面，通过物联网把城市元素联系起来；另一方面，通过感知网动态感知城市元素的变化。在服务层增加的云计算服务、工作流建模和服务链建模，以及智能化的信息服务，为处理地理信息的大数据计算提供了强大的计算能力和服务能力。这些智慧元素都极大地提高了数字城市的智能化程度。

二、地理信息系统与地理国情监测

地理国情监测是多种现代信息技术的综合应用，地理信息系统技术是其进行时空数据处理、管理、分析、共享、显示和应用的主要技术。

（一）地理国情监测的概念

地理特征要素、地理环境、地理过程和地理现象，以及人文、经济、社会等的基本状况及其变化信息，是人们进行科学解释、科学管理和决策活动的重要信息。获取这类信息的重要手段和方法就是对其进行监测。

监测的直接解释是监视和检测、测量，是指在调查研究的基础上，监视、检测和分析描述所关注对象的各种数据信息的全过程。对关注对象的基本情况和变化状况数据的获取和分析利用是监测活动的基本内容和目的。在管理和决策活动中，人们关注的对象是多方面的，包括自然的、人文的、社会的、政治的、经济和军事目的的，等等。反映这些对象的基本信息，可能是静态的，也可能是动态的；可能是空间的，也可能是非空间的；可能是显而易见的，也可能是隐含在数据中间的。

描述国情的数据可以是文字、符号、图形、图像、统计数据、模型、动画、虚拟现实等多种形式。至于省情、市情、县情等概念，则可以认为是在不同尺度上，对国情更为精细的描述。地球，乃至其他星球的基本情况和特点，姑且称之为地情，是在全球范围监测尺度上的一种描述。国情数据有一部分是与地理位置有关的，称为地理国情。

地理国情是空间化、可视化的国情信息，是从地理空间角度分析、研究、描述和反映一个国家自然、经济、人文和社会的国情信息。地理国情包括国土概况、地理区域特征、地形地貌特征、道路交通网络、江河湖海分布、土地利用与地表覆盖、城市布局和城镇化扩张、孕灾环境与灾害分布、环境与生态状况、生产力空间布局等基本情况。

地理国情监测是综合利用全球导航卫星系统、航空航天遥感、地理信息系统等现代测绘技术和地理、人文、社会经济科学调查技术，综合各时期档案和调查成果，对地形、水系、湿地、冰川、沙漠、地表形态、地表覆盖、道路、城镇等要素进行动态化、定量化、空间化的持续监测，并统计分析其变化量、变化频率、分布特征、地域差异、变化趋势等，形成反映各类资源、环境、生态、经济要素的空间分布及其发展变化规律的监测数据、地图图形和研究报告等，从地理空间的角度客观、综合展示国情国力。概括地说，它以地球表层的自然、生物和人文三个方面的空间变化和它们之间的相互关系特征为基础内容，对构成国家物质基础的各种条件要素进行宏观性、综合性、整体性的调查、分析和描述。

（二）地理信息系统与地理国情监测的关系

地理信息系统是地理国情监测的支撑技术，为地理国情监测提供数据管理、数据建模、空间化、可视化、数据分析利用、地学计算、动态模拟、数据表达、成果表示、成果管理和数据共享服务的工具。地理国情监测是地理信息系统的重要应用领域和应用发展方向之一。

地理信息系统为地理国情监测提供基本的数据管理、处理、分析、数据表达、可视化技术支持，至少在以下方面对地理国情监测产生作用：①为地理国情监测提供时空数据处理、建库、管理、建模、时空查询和时空索引技术支持。②为地理国情监测的社会经济数据提供地理编码、空间插值和可视化技术支持。③为地理国情监测提供多尺度数据表达和尺度转换技术支持。④为地理国情监测数据的整合提供技术支持。⑤为地理国情监测数据的空间操作分析提供技术支持。⑥为地理国情监测的空间数据统计分析、时空数据挖掘分析提供分析环境。⑦为地理国情监测成果表达、专题制图、动态模拟、仿真等地理可视化提供方法和环境。⑧为地理国情监测信息的共享、数据交换、成果发布提供服务平台技术。

随着地理信息系统向着网络化、智能化、动态化、信息化服务方向的发展，地理国情监测与地理信息系统的应用具有很多契合点。以智慧城市为例，主要表现在以下几个方面。

第一，感知现实世界的任务目标相同。如在智慧城市建设方面，智慧城市的目标是全面动态感知城市，面向城市的政府、企业和公众提供信息服务。地理市情监测是从地理角度，描述城市特征和变化，是智慧城市建设任务的一部分。

第二，信息共享服务平台需求基本一致。常态化综合的地理市情监测需要分布式、云计算环境作为支撑，共享和交换各部门的专业地理监测信息，智慧城市平台是当然的选择。但应急监测或许可以独立于这个平台进行。

第三，多源地理信息获取技术基本趋同。地理市情监测侧重地理变化信息的获取，智慧城市的航天航空遥感、低空无人机遥感、全球定位系统和移动测量、专业监测站网（气象、环境、生态、水文、地震等）等组成的广义物联网可以与地理市情监测共建共享。但地理市情的人文、社会经济的调查技术可能不是智慧城市的重点。

第四，信息表达、处理、管理和分析方法基本一致。地理市情监测在时空信息的表达、处理、管理和分析方面，与智慧城市具有很多共同点。但前者更强调时空建模、时空分析和时空过程的模拟。

第五，信息网络发布方式可以共用。通过智慧城市平台发布地理市情监测信息是一个明智的选择，而地理市情监测信息通过发布会发布监测报告也是常见的形式。

三、地理信息系统在行业和领域的应用

地理信息系统在专业领域的广泛应用是推动地理信息系统发展和行业或领域信息化的原动力。正是丰富多彩的地理信息系统应用，驱动地理信息系统技术向更高的水平发展。

（一）地理信息系统在规划行业中的应用

城市规划是我国地理信息系统应用较早的领域之一。20 世纪 90 年代，我国一些城市，如北京、上海、海口、深圳、青岛等，开始利用地理信息系统技术建立规划管理信息系统或规划辅助决策系统，极大地促进了地理信息系统技术在我国的应用发展。

对于规划的设计单位，规划作为一门艺术性极强的科学，地理信息系统的作用体现在：规划前期，规划区域内各项基础资料的收集、整理，文化风俗、历史现状的了解、分析，限制条件的梳理；规划中后期，规划内容科学性、地域性的体现，上一级规划思想的完美展现，规划受众群体最终需求的无缝切合；规划完成后，规划期限内规划成果与城市发展、居民生活水平的匹配程度，等等。整个规划的过程需要艺术与技术并举，现如今已经不是如何编制规划的问题，而是如何更好更快地编制出满足各种纷繁复杂需求的规划。在规划项目中，地理信息系统强大的空间分析、数据组织管理、可视化与制图能力将会发挥极大的作用。

对于规划编制成果的管理与审批单位，从成果制作到规划业务的审批与办理，从信息的收集管理到跨部门跨行业的信息共享与服务发布，地理信息系统技术几乎应用到城市规划管理的每一个环节，对于成果管理工作效率的提高、更新维护、高效利用以及规划服务水平的提高，有着至关重要的作用。

随着全国空间信息公共服务平台的建设，地理信息系统的应用范畴和服务领域得到了极大的拓展，并逐步成为人类社会中必不可少的基础设施之一。企业级地理信息系统的时代已经到来，地理信息系统已经成为企业级信息技术的一个有机组成部分，为企业级系统提供各种地理信息相关的应用，包括资产信息的管理、业务工作的规划和分析、为各种工作（无论是外业还是内业）提供采集处理手段，以及通过丰富的图表和直观的地图做科学决策，等等，这些都极大地体现了地理信息系统的价值，使得地理信息系统逐渐成为规划行业信息化的主流信息技术之一。

对于城市设计的规划人员来说，做出正确的关于位置的决策是取得成功的关键，而地理信息系统则提供了一套基于空间信息获取、处理与表达的方法。

一个规划方案是否科学？对城市生活将产生怎样的影响？建设单位是否按要求进行设计？用传统的规划管理手段回答这些问题，规划部门需要查阅堆积如山的卷宗，按地形图数据逐一叠加，并到现场踏勘。如今，通过"数字规划"，工作人员只需要调用计算机中的数据，即可得到较为准确的判断。"数字规划"工程已经广泛应用于业务审批、行政办公、公众服务等平台，已成为"数字城市""空间信息基础设施"等工程的重要组成部分，正全面服务于城市规划、建设、管理与发展的各个方面。无论是规划设计方案、规划编制的制作与表现，还是规划业务的实施与审批；无论是规划成果的制作与管理，还是空间信息的共享与发布，地理信息系统功能，尤其是以地理信息系统强大的空间分析、空间信息可视化、空间信息组织等为核心的功能，贯穿着规划信息化建设的每一个角落。地理信息系统在规划行业的应用需求主要体现在如下几个方面。

1. 城市规划辅助设计与辅助决策

地理信息系统提供的空间分析、地理信息统计的工具与方法，对提高规划设计的工作能力、成果质量、工作效率来说，有着至关重要的作用。结合规划行业的专业模型与人工智能，通过地理信息系统强大的分析与图形渲染功能，可以实现重大工程的智能选址、分区与规划、综合管线路线或高压走廊的智能选线与保护、城市功能区与人口密度的辅助规划，以及交通、绿地、公交线路的布局等规划辅助决策功能。例如，在城市规划设计的前期工作中，可以利用空间分析功能以及规划范围内的空间数据和模型，对规划地块进行用地类型分析、走向分析、等高线分析、流域分析等，以作为用地适宜性评价及后期方案构思的参考依据。在城市规划业务审批过程中，通常需要计算地块内的各类建筑面积、建筑密度、绿化率、容积率等规划指标，利用地理信息系统可以快速、精确地对图形数据及其属性数据进行综合分析、量算与处理。另外，利用三维技术，可以辅助对比规划设计方案与周边环境之间的通视关系、景观布局等。特别是在建设用地生态适宜性评价（考虑地形地貌、水系、盐碱化、城镇吸引力、市政设施、污染源等诸多因子的加权分析）、城市道路规划（流量分析、道路拥堵分析、居民出行分析、噪声分析、降噪措施及效果分析等）、经济技术指标辅助计算（GDP 密度分析、热点分析、城镇联系强度分析）、商业中心选址辅助分析（影响范围分析、居民购买力分析、交通物流影响分析）、模型驱动的智能选址辅助（地形地貌等工程适宜性分析、城市用地及规划编制许可分析以及人口密度、交通、市政设施分析）、城市景观辅助设计（建筑高度、方位、体量、材质、通风、通视分析、日照、遮挡分析）等方面得到了广泛的应用。

2. 专题制图与空间信息可视化

从平面到三维，从建筑单体视图到社区场景乃至全球视图，从单机离线操作到并发在线互动，从静态数据浏览到动态历史数据回溯与模型推演，无论是多彩纷呈的规划效果图、规划专题图，还是严谨的基础地形图、工程方案；无论是用于业务审批的简图，还是用于专题汇报的综合图集，地理信息系统强大的空间分析与渲染功能，不仅仅是为规划专题图的制作与表现提供了专业、多维、多角度、多层次、全方位的呈现，更是提供了一种解决问题的方法。

3. 异构空间信息资源集成、共享与发布

政府机构都有众多的部门来执行数以百计的业务功能，以向社会公众提供服务。绝大部分的业务功能都需要位置定位作为操作的基础，利用地理信息系统可以提高其提供信息发布和服务的效力、效率。使用面向服务的架构（SOA）的系统框架可以通过服务目录的通信实现服务提供者和使用者间的连接，也可以使用其他各种技术实现该功能，可以实现区级、市级、省级甚至国家级空间地理信息的集成、共享、发布，更可以为数字城市、空间信息基础设施（SDI）的建设提供核心解决方案，构建共享、交互、联动的企业级地理信息系统解决方案。

4. 空间信息的组织与管理

城市规划涉及的空间数据具有明显的多源、多时相、多尺度、海量等特征。在使用过程中，需要跨部门、跨地域并发操作，及时进行更新，实时对外发布，并实现动态加载、一体化呈现。

（二）地理信息系统在地质领域的应用

地理信息系统在地质领域的应用主要体现在区域地质调查、区域填图、区域野外空间数据快速采集、岩溶塌陷预测、城市地质环境评价、火山机构和火山喷发规模研究、估算岩溶区大气 CO_2；建立地质数字化管理系统、地质图空间数据库、综合地质信息系统、岩土工程信息系统、边坡构造专题地理信息系统、地学断面地理信息系统、地质灾害预警等方面。

地质灾害是指自然或人为因素引发的山体崩塌、滑坡、泥石流、地面塌陷、地面沉降、地裂缝等与地质作用有关的灾害。地质灾害具有自然和社会的双重属性。理论研究和科学实践证明，地质灾害具有可监测性、可预警性。

地质灾害预警基本利用地质灾害与降雨等资料。预报模式主要有3种：一是地质灾害易发区与雨量（预报雨量和前期实际雨量）相叠加；二是仅用雨量进行判断；三是用地质灾害的孕灾环境、致灾因子和承灾体之间的非线性复杂关系，结合统计学、模糊数学、灰色系统、人工神经网络等科学理论，建立地质灾害的失稳机制和解算方法，充分利用地质灾害经验数据和降雨量等信息开发地质灾害预警系统，为预警提供科学的决策支持。

（三）地理信息系统在交通行业中的应用

交通地理信息系统是在交通地理信息系统软件平台上，根据交通行业信息化应用需求开发的应用信息系统。交通地理信息系统用于交通指挥调度、道路养护管理、高速公路信息管理、应急指挥、交通信息共享、站场和设施管理、事故查询统计与分析、移动车辆定位和智能调度、交通诱导、视频监控集成和道路交通规划等方面。交通地理信息系统是一个交通信息综合平台。地理信息系统在交通方面的应用可以分为铁路交通、公路交通、水运交通和航空交通四个方面。值得一提的是，交通地理信息系统在构建智能交通方面发展迅速，在建设现代物流系统方面具有重要作用。

地理信息系统在交通行业中的应用具体体现在以下几个方面。

在公路中的应用：主要是公路设计、公路建设和公路维护等。

在交通规划中的应用：地理信息系统技术的线性参考系统、动态分段技术等，是建立交通规划信息系统的基础。货物密度模型的可视化表达、道路交通量和拥挤度的建模、货物的运输模拟等，都需要地理信息系统技术支持。

　　智能交通应用：路况交通信息实时监控、车辆跟踪养护巡视、应急抢险指挥、公众出行服务等。

　　高速公路管理：高速公路结构物和业务数据的组织管理、三维构筑物建模与显示、无线传感器网络集成和信息采集传输等。

　　水运交通应用：主要有航标及其动态监控、船舶动态监测、船舶导航、航道疏浚、水运安全、内河航道规划等。

　　城市交通应用：主要包括城市交通线路规划与分析、公交车辆的调度和应急事故处理、车站和道路设施管理等。

（四）地理信息系统在林业中的应用

　　林业生产领域的管理决策人员面对各种数据，如林地使用状况、植被分布特征等，需要进行统计分析和制图，为森林资源监测、掌握资源动态变化，以及制定林业资源开发、利用和保护计划服务。

　　地理信息系统在林业方面的应用主要体现在生态系统管理与环境管理、森林资源监测与管理、森林火灾预测与监控、荒漠化监测、造林规划、森林道路规划、森林病虫害防治等领域。

　　例如，在森林火灾预测与监控领域，地理信息系统技术可帮助分析林火方向、速度、强度和燃烧区域，监测林火烟雾的方向以及船舶区域等；在林业生态系统管理领域，地理信息系统技术可以帮助做建模分析、模拟生态过程和生物多样性分析等来分析区域生态与社会经济因素的相互关系，从而更合理地进行自然资源管理的过程；在森林规划领域，地理信息系统建模可以根据造林的需要，模拟各种自然干扰和地形模式，通过林业面积和分布状况，以及未被破坏的森林走廊的分析，建立预测模型和过程模拟，对未来状况进行模拟分析；在森林经营领域，可以利用地理信息系统对森林的采伐计划、造林规划、封山育林、抚育间伐等进行分析。

（五）地理信息系统在农业方面的应用

　　农业地理信息系统（简称农业 GIS），也称为农业地理信息应用系统、数字农业空间信息平台等，是将地理信息系统、遥感、全球定位系统、计算机、自动化、通信和网络等技术与地理学、农学、生态学、植物生理学、土壤学等基础学科紧密地结合起来，形成一个包括对农作物、土地、土壤从宏观到微观的监测，对农作物生长发育状况及其环境要素的现状进行定期的信息获取，以及动态分析和诊断预测，帮助制订合理的耕作措施和管理方案。目标是将传统的农业生产管理提高到一个以快速调查和监测、适时诊断和分析、高效决策和管理为标志的、全新的、与信息时代相适应的现代化农业的新阶段。

20世纪70年代，地理信息系统开始应用于农业，在土地资源调查、土地资源评价以及农业资源管理、规划等方面取得重大进展。随着20世纪90年代时计算机技术的发展和农业信息化程度的提高，地理信息系统在农业领域的应用不断深入，在区域农业可持续发展研究、土地的农作物适宜性评价、农业生产管理、农田土壤侵蚀与保护研究、农业生产潜力研究、农业系统模拟与仿真研究、农业生态系统监测，以及区域农业资源调查、规划、管理及农业投入产出效益与环境保护、病虫害防治等方面得到了广泛应用。近年来，以信息技术与农业技术有机结合为特征的"数字农业"得到了迅速发展，地理信息系统与全球定位系统、遥感、决策支持系统、互联网等高新技术结合，成为数字农业技术体系的核心技术，尤其在"精准农业"领域中得到了广泛应用。

地理信息系统在农业方面的应用主要体现在如下几个方面。

1. 农业资源与区划

农业资源包括自然资源和社会经济资源，可分成土地、水、气候、人口和农业经济资源五大类。通过ArcGIS，可以对指定区域的农业资源实现可视化管理，包括报表定制、查询、专题图显示与打印输出、基本统计与趋势模型分析和基本辅助决策，以及资源调查评价、产业布局划分等。

2. 种植业管理

地理信息系统强大的海量空间数据管理能力可以实现粮食、棉花、油料、糖料、水果、蔬菜、茶叶、蚕桑、花卉、麻类、中药材、烟叶、食用菌等种植业信息的管理。此外，还可以实现耕地质量管理（研究土壤养分空间分布规律、进行耕地地力评价、制作耕地资源专题图）、作物监测与估产、病虫草害防治，指导科学施肥，监测植物疫情、种植业产品供求信息分析与发布等。

3. 畜牧、草原管理与应用

畜禽养殖管理、动物防疫、草原建设等方面均需地理信息系统的支持。

4. 渔业水产管理与应用

目前，地理信息系统和遥感技术主要应用在渔业资源动态变化的监测、渔业资源管理、海洋生态与环境、渔情预报和水产养殖等方面。地理信息系统则具有独特的空间信息处理和分析功能，如空间信息查询、量算和分类、叠加分析、缓冲区分析等，利用这些技术，可以从原始数据中获得新的经验和知识。遥感技术具有感测范围广、信息量大、实时、同步等特点，而且卫星遥感在渔业的应用已经从单一要素进入多元分析及综合应用阶段。利用遥感信息，可以推理获得影响海洋理化和生物过程的一些参数，如海表温度、叶绿素浓度、初级生产力水平的变化、海洋锋面边界的位置以及水团的运动等，通过对这些环境因素的分析，可以极大提高渔业的管理效率。

5. 精准农业

精准农业也称为精确农业、精细农作，是近年来国际上农业科学研究的热点领域，其含义是按照田间每一操作单元的具体条件，精细准确地调整各项土壤和作物管理措施，最大限度地优化使用各项农业投入（如化肥、农药、水、种子和其他方面的投入量），以获取最高产量和最大经济效益，同时减少化学物质使用，保护农业生态环境，保护土地等自然资源。

6. 环境监测、农产品安全

目前，农产品质量与安全问题已经成为制约我国农业发展的瓶颈之一，不仅影响了我国农产品的质量，也削弱了我国农产品在国际市场上的竞争力，从而影响了人民群众的身体健康和生活质量。因此，需要建立基于地理信息系统的农产品安全生产管理与溯源信息子系统，加强对农业生态地质环境的调查、监测与综合性评价研究，以及农产品的安全管理。

7. 农业灾害预防

农业灾害主要是指气象灾害、地质灾害、生物灾害和其他自然灾害。近年来，我国农业灾害频频发生，洪涝、干旱、暴雪、干热风等灾害对农业生产和社会安定造成了严重影响，建设基于地理信息系统的灾害监测预警子系统，实现最新灾害显示、逐日灾害显示、灾害年对比显示、灾害累积显示、背景数据查询等功能，对防灾减灾有重要作用。

（六）地理信息系统在气象领域的应用

地球大气中的各种天气现象和天气变化都与大气运动有关，而大气运动在空间和时间上具有很宽的尺度谱。在研究与天气和气候有关的大气运动的过程中，都涉及如何处理大量的表征大气状态的气象数据。气象数据具有时空特征和性质特征，分别反映为时间信息、空间信息、属性信息、共享信息，其中，空间信息包括空间和范围，属性信息包括气象信息的标称、性态、度量。从面向对象的角度看，一方面，气象数据属于地理信息的范畴，具有明显的空间特性；另一方面，气象信息可以视为多维空间中的点集。而地理信息系统不仅有对空间和属性的数据采集、输入、编辑、存储、管理、空间分析、查询输出和显示功能，而且可为系统用户进行预测、监测、规划管理和决策管理提供科学依据。可见，将地理信息系统应用于气象中，可以加强对气象数据的管理，提高对天气的监测、预测水平。

遥感作为一门对地观测综合性技术，它的发展使得人类认识地球的范围更加宽广。作为遥感三个领域之一的气象遥感，可以帮助人类监测气象灾害、监测全球气候变化、进行大气成分的量测等。气象遥感中的重要组成部分——气象卫星，具有覆盖范围大、重返周期短等特点，广泛应用于气象灾害监测、气候变化监测、海洋、环境监测、农作物长势监测和估产等领域。

地理信息系统在气象方面的应用主要体现在如下几个方面：①建立各类气象信息系统，如气象卫星数据存档与服务系统、气象卫星数据监测分析服务系统、气象服务决策系统、雷达及自动站运行状态监控系统、人工影响天气综合业务系统、公众气象 Web 系统等。②建立各类气象数据库。③气象制图，如离散站点插值形成的格点图、等值线图和色斑图等制图、地面天气图制作，以及风向标符号表达、气象资料数据处理建模、动态气象产品制作等。④气象观测设备运行状态管理。⑤气象科学数据的发布与共享。⑥气候资源监测与气候影响评价。地理信息系统技术在气候资源监测、管理与分析以及气候影响评价中的作用和影响日益增强。地理信息系统可以直观管理基于时间序列的海量空间数据，这有利于对气象资源（如风能、太阳能等）进行管理、监测和评估等；地理信息系统的专题制图功能可以直观表现各种气候资源的空间位置以及相关属性，并结合各类图表制作出精美的评价报告；同时，地理信息系统的高级空间分析功能可以权衡各种气候影响因子，通过科学计算得到气候影响评价结果，以此作为气候变化给人类环境造成影响的科学依据。⑦人工影响天气，主要包括人影作业信息发布、人影作业方案辅助决策、人影作业效果评估等。⑧气象数据的三维可视化和动态模拟。⑨灾情数据统计分析。⑩台风预警分析与损失评估。

第四章　工程测量与技术应用

第一节　工程测量基础知识

一、工程测量的研究对象和内容

（一）研究对象

工程测量是测绘科学与技术在国民经济和国防建设中的直接应用。其主要研究在工程、工业、城市建设及资源开发各个阶段所进行的地形与其他相关信息的采集和处理、施工放样、设备安装、变形监测分析和预报等的理论、方法和技术，以及研究对与测量和工程有关信息的管理与使用。工程测量的服务和应用范围包括城建、地质、铁路、交通、房地产管理、水利电力、能源、航天和国防等各种工程建设部门。

（二）研究内容

按照工程建设的进行程序，工程测量可以分为规划设计阶段的测量、施工兴建阶段的测量和竣工后运营管理阶段的测量。

规划设计阶段测量的主要工作内容是获取地形资料。取得地形资料的方法是在所建立的控制测量基础上进行地面测图或航空摄影测量。

施工兴建阶段测量的主要工作内容是按照设计要求，在实地准确标定建筑物各部分的平面位置和高程，作为施工与安装的依据。一般要求先建立施工控制网，然后根据工程的要求进行各种测量工作。

竣工后运营管理阶段测量的主要工作内容是竣工测量，以及为监视工程安全状况的变形观测与维修养护等测量工作。

二、工程测量的任务和应用范围

（一）工程测量的任务

工程测量的任务主要包括以下几个方面：①对工程建设项目所在区域的地形地貌进行考察，并以规定的符号和比例尺对其进行描绘。另外，要详细记录工程建设所需的数据，形成图纸和数据资料，为工程建设的规划设计提供依据。②依照设计图纸，对拟建建筑物的位置和大小等情况，在建筑施工现场进行标注，作为建筑施工的依据。另外，要在建筑施工的过程中进行各种工程测量，以满足施工要求。在建筑工程建设竣工之后，要进行竣工测量。③在建筑项目施工阶段和建筑项目运营阶段，对于施工现场的重要建筑物，要进行变形观测，以了解和掌握其变形的具体情况和规律，为建筑项目施工和运营的安全性提供保障。

（二）工程测量的应用范围

工程测量的应用范围主要包括以下方面：①在工程建设的规划设计阶段，要运用工程测量技术对施工场地进行勘察统计，掌握施工场地的形式和面积，记录相关的测量数据，形成测量资料，为工程设计方案提供依据。②在工程项目的施工阶段，要按照设计图纸的规划，对施工现场的地形、施工控制网、定向放线等指标进行工程测量。③在建筑工程项目竣工验收阶段，要通过工程测量技术验证建筑工程施工是否符合设计规范。

（三）工程测量的发展

工程测量有着很长的一段历史。最开始，工程测量技术通过对光学以及机械一体化的测量机器的使用，进而向光学、机械、微电子技术以及计算机技术于一体的自动化以及智能化测量系统的方向发展。有关的测量工作离不开三角网、三角高程网。三、四等水平测量的形式，得到测量角度、测量距离以及测量高差之后能够获得有关的坐标和相应的高程。为得到更准确的平面坐标和高程坐标就需要增加全球定位系统的使用率。之后采取一些专业的机器来进行有关的测量工作。由于科学技术的持续进步，各测绘相关学科之间不断交流合作，工程测量这样的测绘学科直接向着综合的方向发展，发展出新型的地理信息系统以及全球定位系统技术。

三、工程测量学的发展现状及展望

（一）工程测量学的发展

工程测量学是一门历史悠久的学科，是从人类生产实践中逐渐发展起来的。在古代，它与测量学并没有严格的界限。到近代，随着工程建设的大规模发展，才逐渐形成了工程测量学这门学科。

20世纪初，由于西方的第一次和第二次技术革命以及以核子、电子和空间技术为标志的第三次技术革命，使工程测量学获得了迅速发展，成为测绘学的一个重要分支。20世纪50年代，世界各国在建设大型水工建筑物、长隧道和城市地铁中，对工程测量提出了一系列要求；20世纪60年代，空间技术的发展和导弹发射场建设促使工程测量得到进一步发展；20世纪70年代，由于人造卫星、宇宙飞行和远程武器发射等的需要，各种巨型实验室得以成立，从而测量精度和仪器自动化方面都对工程测量提出了更高要求。

工程测量学近20年的发展超过了以往数百年，测量对象从陆地发展到深海、太空，工程测量的范围也日益扩大，逐渐向宏观宇宙和微观粒子世界延伸。工程测量学的发展经历了一条从简单到复杂、从手工操作到测量自动化、从常规测量到精密测量的道路，它的发展始终与当时的生产力水平同步，并且能够满足大型特种精密工程对测量所提出的要求。

21世纪以来，工程测量学的技术在不断更新，应用领域也越来越广。

1. 测量大数据的精细处理和管理

工程测量学在对测量大数据的精细处理上，包括削弱偶然误差、消除系统误差、发现和剔除粗差，以及粗差、系统误差和变形的可区分性方面，取得了进展，例如提出了偶然误差的系统性影响和系统误差的偶然化问题；在精度、可靠性、灵敏度基础上，扩展到了广义可靠性，上升到哲学高度；发展了工程控制网的优化设计理论，扩展了工程控制网的通用平差模型；将时序分析、频谱分析、小波理论、系统理论、人工神经网路以及有限元法等引入变形分析和预报，丰富了变形的几何分析和物理解释等。测量大数据的快速获取、智能化与数据库管理等技术正在飞速发展。

2. 卫星导航定位技术的发展和应用

全球导航卫星系统 GNSS 这一最重要的对地观测技术不断发展完善。例如，

GNSS 控制网可以代替绝大部分地面三角形边角网、导线网；RTK 和单点定位技术可用来布设加密控制点；车载 GNSS 与多传感器集成的测量系统改变了既有测量和测图的模式；GNSS 还可用于许多变形监测项目，特别适合实时和动态变形测量；与地面水准测量相结合，GNSS 技术还可以解决许多地区的高程测量问题。

3. 激光技术的发展和应用

随着激光技术的飞速发展，市面上出现了许多激光类测量仪器，如激光经纬仪、激光水准仪、激光陀螺仪、激光扫平仪、激光铅直仪、激光导向仪、激光准直系统、激光干涉仪、激光跟踪仪以及各种机载、车载和地面激光扫描仪等。它们可进行定向、准直、测角、测距、测高和快速扫描等测量，在工程测量的测量、测设、控制、变形监测和工业测量等方面应用广泛。

4. 遥感雷达干涉测量技术的发展和应用

雷达干涉测量用于工程形变监测，具有不接触、实时和亚毫米级高精度的优点。合成孔径雷达干涉测量可以在大范围内获取地表数字高程和毫米级的地表形变信息，在地面沉降监测、山体滑坡监测以及地震、火山、冰川活动方面有良好的应用前景。

5. 数字摄影测量技术的发展和应用

航空摄影测量、近景摄影测量和工业摄影测量都从模拟测量、解析测量发展到了数字测量。摄影机从量测相机发展到非量测相机，摄影机平台也发展到低空轻型无人机和飞艇等，加上各种数字测量软件的发展以及与其他传感器结合，在大、中比例尺数字测图、变形监测和工业测量等方面有非常广泛的应用。

此外，电磁波测距技术、全站仪技术、光电传感器技术、计算机技术、通信技术以及地理信息系统技术对工程测量学的发展有极大的影响。

（二）工程测量学的发展展望

工程测量学的发展特点可概括为"六化"和"十六字"。

"六化"：①测量内外业作业一体化。测量内业和外业工作已无明确的界限，过去只能在内业处理和完成的工作，现在有许多可在外业完成。②数据获取及处理自动化。借着现代测绘仪器和附加软件，可自动获取并处理数据，如武汉大学测绘学院研制的"科傻"系统。到现在出现了各种测量数据获取和处理的自动化系统，在工程测量领域得到广泛应用。③测量过程控制和系统行为智能化。通过程序实现对观测仪器的智能化控制，能模拟人脑思维判断和处理测量过程中遇到的各种问题，实现遥控、遥测和数据遥传。④测量成果和产品数字化。数字化是数据交换、计算机处理和管理、多样化产品输出的基础，数字化也是一种信息化。⑤测量信息管理可视化，包括图形、图像可视化和三维可视化表达以及虚拟现实等。⑥信息共享和传播的网络化。是数字化的锦上添花，在局域网和广域网上实现信息共享、传播和增值服务。

"十六字"：精确、可靠、快速、简便、实时、持续、动态、遥测。这是从另一角度概括工程测量学发展的特点，特别是简便、快速和动态，学界对这几个发展方向的关注度越来越高。

展望工程测量学的发展，一方面，随着人类文明的进步，工程测量学的服务领域会不断扩大；另一方面，现代科技新成就为工程测量学提供了新的手段和方法，这也将推动工程测量学的不断发展。

工程测量学将进一步向宏观和微观方向发展。宏观方面，工程测量学将从陆地延伸到海洋，从地球到太空和其他星球，工程的规模更大、结构更复杂，对精度、可靠性、速度等方面的要求更高；微观方面，工程测量学将向粒子世界发展，向显微摄影测量和显微图像处理方向发展，测量的尺寸更小，精度更高。

第二节　现代工程测量技术

一、全站仪应用技术

全站仪是一种集光电、计算机、微电子通信、精密机械加工等高精尖技术于一体的先进测量仪器。用它可以方便、高效、可靠地完成多种工程测量工作，具有常规测量仪器无法比拟的优点。

全站仪具有许多独特功能：①具有普通经纬仪的全部功能。②能在数秒内测定距离和坐标值，测量方式分为精测、粗测、跟踪三种。③角度、距离、坐标的测量结果在液晶屏幕上自动显示，不需人工读数、计算，测量速度快、效率高。④测距时仪器可自动进行气象改正。⑤系统参数可视需要进行设置、更改。⑥菜单式操作，可进行人机对话。⑦内存大，一般可储存几千个点的测量数据，能充分满足野外测量需要。⑧数据可录入电子手簿，并输入计算机进行处理。⑨仪器内置多种测量应用程序，可视实际测量工作需要，随时调用。

全站仪作为一种现代大地测量仪器，主要的特点是同时具备电子经纬仪测角和测距两种功能；由电子计算机控制、采集、处理和储存观测数据，使测图数字化、后处理全自动化。全站仪除了应用于常规的控制测量、地形测量和工程测量外，还广泛地应用于地表与地表构筑物的变形测量，如地面沉降、深基坑开挖引起的环境变形、大坝变形以及工业目标的定位与变形测量等方面。

近几年，随着科技的不断进步，新的技术运用在仪器设计上，又使全站仪具有了更高的性能。免棱镜全站仪是其中典型的代表，利用物体的自然表面就可实现测距，且精度较高。免棱镜全站仪把免棱镜测距技术与传统的全站仪结合在一起，给测量工作带来了很大方便。

二、电子数字水准仪应用技术

电子数字水准仪是集电子光学、图像处理、计算机技术于一体的当代最先进的水准测量仪器，它具有速度快、精度高、使用方便、劳动强度低以及便于用电子手簿实现内外业一体化的优点，代表了当代水准仪的发展方向。

1990 年，瑞士 Leica 公司推出第一代电子数字水准仪 NA2000（精度 ±1.5 mm/km），在 NA2000 上首次采用数字图像技术处理标尺影像，并以 CCD 阵列传感器取代测量员的肉眼对标尺读数。这种传感器可以识别水准标尺上的条码分划，并用相关技术处理信号模型，自动显示与记录标尺读数和视距，从而实现水准观测自动化。随后日本 Topcon 公司也推出第二代 DL–101C 型电子数字水准仪（精度 ±0.4 mm/km）。德国 Zeiss 公司推出了更高精度的 DiNi12/12T 型电子数字水准仪（精度 ±0.3 mm/km）。这些仪器广泛应用于施工放样，精密水准测量，建（构）筑物变形监测等工程领域。

电子水准仪是在自动安平水准仪的基础上发展起来的。各厂家的电子水准仪采用了大体一致的结构，其基本构造由光学机械部分、自动安平补偿装置和电子设备组成。

三、三维激光扫描测量系统

三维激光扫描测量技术是近几年发展起来的一项高新技术，利用这一先进技术，可快速获取特定目标的立体模型。与传统的激光测距技术，即点对点的距离测量不同，无合作目标激光扫描技术的发展，为人们在空间信息的获取方面提供了全新的技术手段，使人们从传统的人工单点数据获取变为连续自动获取数据，提高了观测的精度和速度。

三维激光扫描系统主要由三维激光扫描仪和系统软件组成，其工作目标就是快速、方便、准确地获取近距离静态物体的空间三维模型，以便对模型进行进一步的分析和数据处理。三维激光影像扫描仪是一种集成了多种高新技术的新型测绘仪器，采用非接触式高速激光测量方式，以点云形式获取地形及复杂物体的二维表面的列阵式几何图形数据。

三维激光扫描系统的应用与摄影测量大致相同，但激光扫描系统具有精度高，测量方式更加灵活、方便的特点，因此，三维激光扫描可更精密地用来测量古建筑和珍贵文物的三维模型。根据实际工作的应用需要，由模型可以生成断面图、投影图、等值线图等，并可将模型以 Auto CAD 和 MicroStation 的格式输出。

与近景摄影测量相比，三维激光扫描具有点位测量精度高，采集空间点的密度大、速度快，不需要建立控制点就可以建立数字表面模型（DSM）和建筑模型等特点。通过三维激光扫描技术获得的数据必须进行数据的处理过程，处理过程包括三维的影像点云数据编辑，扫描数据拼接与合并，影像数据点三维空间量测，空间数据的三维建模，纹理分析处理和数据转换等。

四、三维工业测量系统

三维工业测量系统是指以电子经纬仪、全站仪、数码相机等为传感器，在计算机的控制下，完成对部件、产品或构筑物的非接触、实时三维坐标测量，并在现场进行测量数据的处理、分析和管理的应用系统。它具有非接触性、实时性和机动性等特点，是测量技术的一个新应用领域，正日渐受到业界人士的关注。三维工业测量系统的优点主要包括其装备组成灵活、定向，测量精度高，所需检校时间很短，可通过交会的方式解算得到高精度点位坐标等。测角仪器组成的工业测量系统适用于不利于或无法使用专用传感器或摄影测量方法的场合，即目标庞大、结构复杂但待测点稀疏且精度要求较高的场合。结合相关工业测量系统软件，可快速实现以被测物体为参照系进行坐标转换及任意坐标系间的转换；可对直线、圆、平面、球面、圆柱面及抛物面等几何元素进行专门计算和处理；可将实际测量值与设计值或早期测量值进行比较；可解算各种元素的交会问题。

1980 年，美国的 Johnson 首次介绍和应用了经纬仪工业测量系统，他最先采用 K&E 公司生产的 DT-1 型电子经纬仪，进行双站系统的工业测量，引起了工业界的注意。随着现代电子经纬仪、全站仪及非地形摄影测量技术的发展和应用，以接触方式为主的传统工业三维坐标测量方法得到了改变，出现了以空间前方交会原理为基础，以电子经纬仪、全站仪及数字摄影相机为传感器的光学三维坐标无接触工业测量系统。世界上一些传统测量仪器生产厂家纷纷将电子经纬仪、全站仪、数字摄影相机及激光跟踪仪等应用到工业测量领域，推出了一大批商品化工业测量系统，逐步形成了对传统工业测量产生深刻影响和变革的新型工业测量系统。我国从 20 世纪 80 年代中期起，引进了多套工业测量系统，并在测绘、工业和工程部门得到了应用。

目前，集成和综合应用电子经纬仪或自动全站仪等多种传感器的三维工业自动测量系统，已广泛应用于汽车、飞机、发电站、核反应堆等工程组装与建设中，并在天线、钻井工程、发射架及冷凝塔等高耸构筑物的监测与校准，以及大型高精度钢结构安装与位移的形变监测等领域得到应用。

五、精密自动导向技术

随着计算机与激光技术、自动跟踪全站仪的发展与使用，精密自动导向技术在我国交通隧道工程、水利工程、市政工程等领域得到了广泛的应用。目前，该技术在国内的应用以解决施工过程的监控问题为主，尤其对现代化的施工设备（如盾构掘进机），采用该技术可以准确、实时动态、自动快速地检测地下盾构机头中心的偏离值，保证工程按设计要求准确贯通，达到自动控制的目的。

当前，美国和德国均有不同的系统设计方案。例如，德国旭普林公司自动导向系统（简称 TUMA 系统），可用于地下顶管工程的动态导向测量，该系统于 1998 年成功用于上海市过黄浦江底大型顶管工程的动态定位，取得了很好的效果。德国 VMT 公司 SLS-T 自动导向系统，可用于地下工程（地铁）盾构法施工的静态导向测量。该系统成功地用于南京地铁一号线 TA7 标的导向测量，保证了地铁的准确贯通。

六、施工测量信息管理系统

大型工程的施工质量好坏关系到工程本身能否正常运行，而施工测量是工程施工的先导性工作，施工测量的效率和质量直接影响工程的整体进度和质量。因此，建立一套先进的施工测量信息管理系统，对于保证工程的施工质量具有重要意义。系统不仅能对施工测量数据实行高效的管理，而且能为工程管理人员提供高效、科学的数据分析工具，为工程施工管理的科学化、现代化奠定基础。

管理信息系统正朝着自动化、集成化、智能化和开放化等方向发展。从 20 世纪 80 年代开始，针对大型工程的施工测量信息管理系统便有所发展，比如煤矿测量信息管理系统、大坝施工测量信息管理系统以及高速公路施工测量信息管理系统等。在国内，目前专门的大型工程施工测量信息管理系统已有一定的发展，主要集中在大坝、煤矿、高速公路、城市地铁等方面。

现阶段，城市建设工程测量信息管理系统已经采用了网络技术、数据库计算等技术，系统主要管理建筑物施工前的放线测量和竣工后的验收测量，地下管线竣工验收测量，道路、河网工程的放线及竣工验收测量等数据资料。在工程验收时，可以调出需要验收的工程放线测量图，由系统对该工程的验收测量结果和放线测量情况进行叠加对比，自动判断该工程验收的合格性。另外，系统利用网络技术，实现了对测量数据的远程调用及处理。

随着计算机技术的不断发展，测量数据处理及管理的新方法、新理论也在不断出现，工程测量信息管理系统将有更为广阔的发展前景。

第三节　工程测量新技术应用探索

一、工程测量对于施工质量管理的重要性

工程测量是当前施工质量管理的重要组成部分，它能够保证工程地基建设的稳定性，构建强有力的安全防护措施，以此从工程根基建设层面上和保证工程正常施工建设层面上发挥重要的促进作用。这也是工程测量对于施工质量管理的重要性的体现。而且，当前工程测量工作的进行也是施工质量建设和管控工作的关键环节，在这一环节中工程测量不断强化测量工作人员之间的协调合作，强化对新技术、新设备的应用，以此整体上提升工程测量质量，在工程测量数据信息精确提供的基础上，为工程质量管控措施的提出发挥了有效作用。

（一）工程测量对于施工质量管理的重要性分析

1.形成科学化施工方案，提升施工质量

工程测量是工程施工人员在基于工程建设目标和建设需求的基础上，有目的地深入到工程建设所在地区，对工程建设的地质地理条件和周围自然地理环境进行详细的、全面的考察分析。避免在对周围地质情况不了解、相关数据不充分的情况下贸然开展建筑施工，造成重大事故，危及施工人员的生命安全，并对该地区在未来阶段的建筑施工造成严重的影响。工程施工人员在充分了解地区的水文地质情况以及地区特点之后，再利用收集到的数据信息，恰当地选择地基建设的结构和基坑开挖的深度，这样对于工程建设朝向和主体结构等方面起着重要的参考作用。总体而言，工程测量对于形成系统化的施工方案、施工规划起着重要的支撑作用。

2.为施工质量管理提供技术支撑

工程测量工作的进行，可以在明确工程基础建设现状、施工风险的基础上，进一步提升工程质量管控人员选择施工技术、施工工艺、施工设备操作方式的准确性，保证所选择的技术工艺能够适应工程实际施工建设需要，为施工质量管理提供技术支撑，促使工程质量高效建设。

（二）基于重要性分析优化工程测量的措施

1.组建专业的工程测量队伍

基于工程测量对施工质量管理重要性的分析，必须保证工程测量具有高效性和精确性，工程测量获得的数据、信息要切实能够为工程质量管理提供强有力的支撑，发挥有效的借鉴作用。工程测量作为一项专业化的、系统化的操作工作，在实际进行的过程中，必须从根本上建设稳定的、专业的、协调能力强的施工人员队伍。在工程测量工作开展之前，施工单位需要核查工程测量人员的上岗资格证，确保工程测量人员持证上岗，并且在施工前的项目会议上强调工程测量重点。施工单位要重视做好工程测量人员的培训工作,鼓励工程测量人员自学 GIS 技术、数据库技术等，并鼓励工程测量人员与其他部门人员进行交流与合作，从而有效提高工程测量人员的技术水平。

2.加强工程测量管理，提高工程测量监管水平

工程测量贯穿施工全过程，包括施工前的设计阶段、施工阶段、竣工阶段。

因此，在施工质量管理工作中，为了保证工程测量质量，施工单位要加强各阶段的工程测量管理，提高各阶段工程测量的监管水平。

在设计阶段的测量工作中，施工单位的监理部门应指派专业的管理人员对工程测量数据进行监督和复检，并对错误的数据进行改正，以此来确保测量数据的准确性。一旦工程测量管理不严格，不仅不能为施工质量管理提供借鉴，而且会造成经济成本的浪费，导致工程测量效率低，对整体工程不利。

3. 健全工程测量技术和效果管理体系

工程测量效果的精确性实现和效率的高效实现必须依靠科学的工程测量技术和效果管理体系，通过运用制度的权威性和规范性，从而保证工程测量技术应用合理、测量过程科学、测量结果精确。工程测量技术和效果管理体系，需要从规范工程测量技术操作应用程序、操作规范、操作标准、新技术和新设备引进，使用模拟操作和学习管理体系，以及工程测量奖惩制度的建立等方面着手，明确岗位责任制度，做好测量人员合理施工分配，保证工程测量效率和质量高效实现。

二、测量过程中精度的影响因素及控制研究

工程测量主要是指对建筑工程施工范围之内进行一些地理信息的测量工作，得出相应的数据信息作为后期施工建设的一个重要依据，其中包括施工地理位置以及空间大小等，这些数据信息测量的精度如果达不到设计的标准，将会对后期的施工造成非常严重的影响。随着我国社会发展速度的不断加快，很多建筑工程的规模也逐渐增大，所以工程测量的精度也就在工程建设中起到了越来越重要的作用。从客观角度来说，工程测量属于基础工程，其主要包括设计阶段、施工阶段、经营管理阶段等三个不同阶段的测量工作，每一个阶段的测量精度都应该满足相关设计规定和要求，只有这样才能够更好地保证整个工程建设的施工质量。由此可见，控制好测量工程精度尤为重要。

（一）影响因素

1. 测量技术人员

就目前而言，我国很多工程施工企业中的测量人员都存在着专业水平较低的问题，而测量人员的专业素养将会直接影响到测量工作的精度。因为很多施工企业对测量工作的重视程度较低，测量工作的环境也相对恶劣，导致测量技术人员的专业素质达不到标准，例如测量技术人员的理论知识和操作技能有所欠缺，在

实际工程测量过程中就会出现操作不当、技术不规范等问题，从而对工程测量结果产生较大的影响，其精度也无法保证。

2. 测量相关仪器与测量方法

测量工作不仅需要有优秀的测量技术人员，同时还需要有精密的仪器与科学的测量方法作为辅助，以保证数据精度。随着我国科学技术的飞速发展，很多建筑工程所使用的测量仪器的相关性能都有很大的提高，比如在高程测量中按所使用的仪器和施测方法的不同，可以分为水准测量、三角高程测量、全球定位系统高程测量和气压高程测量。水准测量是目前精度最高的一种高程测量方法，它广泛应用于国家高程控制测量、工程勘测和施工测量中。但是很多建筑施工企业为了能够在最大程度上降低企业的工程造价成本，从而选择了一些相对来说较为落后的测量仪器；或者有一些建筑工程所处施工环境太过复杂，很多大型测量仪器无法正常使用。除此之外，测量仪器还需要相关工作人员对其进行定期的检测和维修，但是在实际应用中，很多工程测量技术人员往往会为了减少自身的工作量，而减少对测量仪器检修的次数或者根本未进行保养检查工作。种种情况都会对测量工作的精度带来一定的影响。

3. 测量设计方案

除了测量技术人员的专业素养以及测量过程中所使用的一些仪器之外，还有一个影响工程测量精度的重要因素就是工程测量的设计方案，测量方案的设计需要根据实际施工的情况，对其进行科学合理的规划，只有这样才能够在最大程度上保证工程测量的精度。但是在实际测量过程中，很多建筑施工企业都存在着一些测量标准比较混乱、测量对象不够明确、设计方案规划不够合理等情况，这些情况都会对工程测量的精度造成严重的影响，所以这个问题也非常值得我们重视。

（二）控制方法

1. 增强监督力度

在建筑工程测量之中，要重视工程测量监督制度的制订，落实相关政策，有效开展测量监工工作，才能确保工程项目测量数据的精度。有关内容可以从如下几方面进行。

首先，要重视工程测量中有关人员的监督工作安排，对工程测量中所得的数据内容进行仔细核对，避免出现错误，从而保障工程测量数据的精度。

其次，要对工程测量中的工作队伍内部进行全面监督，发挥内部核查监督的作用，在条件许可的情况下，建筑工程测量人员可以对同一批测量对象进行二次测量，并对两次测量结果进行比对，了解问题所在。

最后，工程监督要发挥自身的监督作用，不断对测量的数据进行核对，确保有关结果与实际相符合。

2. 制定科学合理的测量方案

在对建筑工程进行测量时，需要在项目开展前对测量内容制订一套成熟的方案，为测量工作开展指明方向。首先，在工程项目开展前的设计工作中，为了保障给予技术一定的理论基础，需要有关测量人员对施工场地的环境加以掌控，包括整体的气候、地理环境、交通环境等，从而设计出合理的测量方案。在测量过程中，要对整体测量工作加以布局，通过先整体后局部的方式，为工程测量定制最为适当的方案。其次，在实际工程测量中，需要对数据的精度进行把控，可以强化相关工作人员对新科技、新工具设备的应用，不断对该内容进行推进与实施，才能逐步提升建筑工程测量中的精准度。有关测量方案的定制，应细化到工程测量的每一小步骤，这样才能强化参数的精度，使数据内容更为精准。最后，要重视有关测量数据的编辑与处理工作。在该环节中，要对将数据内容与当地的环境进行统一的表述，确保内容更为规范与合理，适当取舍相应内容，才能使测量内容更为清晰易懂，满足整体工程施工的需求。

3. 加强工程测量队伍建设，重视工程测量人员的技术培训

在施工质量管理工作中，加强工程测量队伍建设是保证工程测量质量、控制工程测量时间、保障施工单位的经济效益、保证施工任务顺利完成的先决条件，也是促使工程测量人员高效完成现场测量工作的重要基石。

建筑工程项目涉及的部门、岗位较多且复杂，对工程测量队伍的建设有着较高的要求，不仅要求工程测量人员具备专业的操作技术、丰富的测绘经验，还要求工程测量人员具有较高的思想道德品质。因此，施工单位在建立工程测量队伍的过程中，不仅需要明确划分岗位职责，还需要对队伍成员进行技术培训和综合素质训练。另外，还可通过合理的奖惩制度来调动工程测量人员的工作积极性，为建筑工程勘测工作的顺利进行提供人才保障。

此外，为了保证工程测量质量，施工单位应加强对工程测量人员的技术培训，使工程测量人员能够掌握技术设备的使用方法，提高工程测量人员的工程测量技术应用水平。在工程测量工作开展之前，施工单位需要核查工程测量人员的上岗

资格证，确保工程测量人员持证上岗，并且在施工前的项目会议上强调工程测量重点。施工单位要重视做好工程测量人员的培训工作，鼓励工程测量人员多学习技术，鼓励工程测量人员与其他部门人员进行交流与合作，从而有效提高工程测量人员的技术水平。

三、数字化测绘技术在工程测量中的应用研究

近几年，我国工程测绘的技术水平不断提高，这对我国城市地下管线信息化工程测量的发展具有重要作用，使得城市地下管线信息化工程的测量结果更加精确。目前，数字化测绘技术的广泛应用，有效提高了城市地下管线信息化工程的测量效率及测量水平。

（一）数字化测绘技术应用的重要意义

在过去传统的城市地下管线信息化工程测量中，主要的测量内容有许多。当前，随着计算机信息化网络技术的发展及智能化测量仪器的广泛应用，数字化测绘技术也得到了较为广泛的应用，如摄影测量仪、地理信息技术以及遥感技术等。近几年，数字化测绘技术的发展及问题的处理形式逐渐具有自动化、数字化与实时化的特点，致使数字化测绘技术正逐步向服务领域方向延伸，从而满足现代城市发展需求。数字化测绘技术与传统的测绘技术相比，是机器助图与全解方式的一种进步，具有明显的发展优势，既有利于增加城市地下管线信息化工程测量的精确度，又有利于充分体现当下仪器发展与仪器精确度的提高，并为城市地下管线信息化工程测量提供了数字化信息。

（二）数字化测绘技术的应用要点

1. 内外业一体化的测图特点

数字化测绘技术主要是针对测绘量较大、测绘精确度要求较高或是测绘信息数据烦琐多样的工程测绘工作，有利于确保工程测量过程中测量数据的清晰度以及提升工程测量的工作效率。数字化测绘技术主要分为两种类型，一种是电子平板，另一种是内外一体化。内外一体化是数字化电子软件的核心技术，可应用在城市地下管线信息化工程测量工作中，其测量效率、图形处理的精确度及测量数据收集的完整性都比较高，在测量程序与工作压力等其他方面的工作效率优势更为明显。在城市地下管线信息化工程测量中，通过全站仪与电子手簿进行地形测绘工作，有利于提高工程测量人员的工作质量。

2. 图形的编辑与处理工作

不管是哪种类型的测绘工作，都需要确保测量的误差范围尽可能缩小。为此，城市地下管线信息化工程的测量应选择较为合适的测绘工具，便于测绘人员对采集到的图形进行编辑处理，有利于确保工程测绘的精确度。城市地下管线信息化工程测量中的图片编辑处理，一般需要全站仪与计算机的相互连接。先完成预处理测量数据，然后在测量数据自动处理的过程中将测量数据进行进一步分割处理，最后方可形成直观性较强的平面图形。平面基本图形形成以后，工程测量工作人员要通过数字化测绘技术依据城市地下管线分布的实际情况进行图片的再编辑，对未能符合规格的部分平面图形进行整改，整改合格后才能形成测绘软件技术的数字化高程模型。

（三）现阶段数字化测绘技术在工程测量中的应用

1. 数字化测绘技术在工程测量中的应用范围

在处理各类测绘技术的过程中，需要对城市地下管线信息化工程原有的分布图进行数字化整改，使城市地下管线信息化工程的布局图更符合工程测量行业的要求。目前有三种数字化测绘输入法，分别是扫描矢量化测量、手扶跟踪数字化测量以及 GPS 数据化测量。扫描矢量化测量是借助扫描已有的图像，而后根据矢量的导航跟踪将实体物最终的空间位置进行定位。扫描矢量化测量的准确度虽没有全球定位系统数据化测量的准确度高，但因其使用较为省事便利，所以被诸多工程测量人员广泛应用。手扶跟踪数字化测量相对较为传统，测量速度慢且劳动力强度较大。GPS 数据化测量可以通过对地球表面图形位置的精确定位，将测量信息直接传入信息化数据库中。

2. 地面数字化测绘技术

地面数字化测绘技术，是指在工程测图未能符合地区大比例尺地图的测绘要求时，工程测量的相关负责人可以直接运用地面数字测图法进行地区大比例尺地图的测绘。地面数字测图法又称内外业一体化数字测图法，是我国当前各工程测绘单位应用最频繁的数字化测图法。应用地面数字测图法所获得的数字化地图具有精度高的特点，若运用一定的数字化测绘技术，便能够将重要地物相对于邻近地物的控制点精度控制在 5 cm 范围内。地面数字化测绘技术可以仅对被测物体测量一次，便可对不同比例大小的地形图进行编制，既满足了不同专业工程人员对地形图的不同需求，又有效避免了工程测量人员的重复性工作操作。地面数字化测绘技术可以完成地形图三点坐标的自动采集、储存及处理等工作，有利于降低因工程测量人员的人工操作而产生的测量误差，并减少工程测量人力、物力以及财力的损耗。

3. 原图数字化测绘技术

当某个地区需要运用数字化地形图，而又遭遇经费有限或是时间限制等情况时，应用原图数字化测图法最为合适。原图数字化测图法能够合理利用现有的城市地下管线铺设地形图，并将计算机、数字化扫描仪及绘图仪等设备与数字化软件相结合，实现工程测量工作的有效开展，并且能够在较短的时间内获得数字化的工程测量成果。原图数字化测图的工作法有手扶跟踪数字化和扫描矢量化两种，其中扫描矢量化的精度和效率较高，但应用扫描矢量化法获取的数字地图精度会受原地形图精度的影响，加之数字化测量时产生的误差，会导致扫描矢量化法获取数字地形图精度与原地形图精度相比偏低。况且扫描矢量化法仅是将成图时地表上的各种地物地貌反映在白纸上，所以缺乏现时性。

综上所述，城市地下管线信息化工程是城市的"生命线"，也是确保城市生存与发展的重要体系，具有为城市输送资源、传递信息及废弃物排放的功能。为了不断提高城市地下管线信息化工程的测绘技术水平，应用数字化的测绘技术是非常必要的。

四、三维测绘技术在工程测量中的应用研究

（一）三维测绘技术对于工程测量的重要性

1. 满足工程测量的需求

过去的地图形式是二加一维地图，是一种自上而下的形式，可使工作人员明确地面的情况，但是在进行测量的时候需要确保从多个角度开展。因此这种形式的测量很难达到工程测量的实际需求，要研发出更加完善的测量技术去进行测量。三维测绘技术便可以满足这种需求。

2. 满足城市规划的需求

我国城市化的发展促进了国家的经济的增长。现阶段的设计图已经涉及了三维设计软件，要想满足城市规划的工作需求，就需要在工程测量的时候采取三维测绘技术。

3. 满足工程施工的需求

要想确保城市土地得到更加充分的利用，就需要开展更加详细的设计工作，进而使得建筑物能够得到更加充分的利用。如果建筑物比较复杂，有关的测量结果也就要求更加准确。三维测绘技术是一种比较先进的测量技术，可以满足工程施工的需求。

4. 满足建模改造的要求

现阶段还存在一些需要改造但是比较复杂的工程。当有关的工作人员完成相应的设计工作之后，就需要建立有关的模型，这个时候通过三维测绘技术可以更好地完成设计模型的工作，进而给后续工作提供保障。

（二）三维测绘技术的发展现状和应用

1. 三维测绘技术的应用

三维激光扫描仪：三维激光扫描仪是较为先进的三维测量仪器，具有极快的扫描速度和高精准的点位精度和密度，这使其在工程测量中迅速普及。工程建设过程中，操作三维激光扫描仪，充分利用激光辐射建立相应的三维空间地理信息坐标，从而对各项具体数值进行有效定位，该仪器能够迅速对三维坐标进行测量和定位，工作效率和测量速度均得到了提升。此种扫描仪体积比较小，携带比较方便，操作步骤比较简单，能够对一些大体积物体进行精准的测量，还能实现长距离测量。在测量过程中能有效利用激光射线进行测量，基本不会受到其他因素的干扰，因此测量结果的准确度也比较高。

全站仪：全站仪是相对标准的三维测量仪器，能同时对距离和角度进行测量。全站仪可以实现对相关数据的计算和自动显示，还能自动补偿水平角和垂直角。另外，全站仪具备多种记录储存数据的方式，可以实现对信息数据的完整记录。因此，全站仪的应用领域较为广泛，在建筑、道路、桥梁、隧道等工程领域均有其应用。

近景摄影的测量：近景测量的仪器种类繁多，如日常生活中常见的数码测量相机、格网测量摄影机等，但是不论哪一种近景测量仪器，都能在较短的时间内完成一些较多数据信息的采集工作，并且此种近景摄影测量方式基本不会受到测量环境的影响，尤其在一些施工条件比较差的环境中进行工程测量时，此近景摄影测量技术是比较适用的。另外，这是因为近景摄影测量能够较好地实现动态测量，即对测量目标实施跟踪移动测量，准确性较高，并且测量范围较广。

2. 发展趋势

三维测绘技术是数字三维和计算机技术的融合，其立体性和科学性更强。需要注意的是，在应用三维测绘技术时，首先要获得被测物体的三维坐标数据，接下来才能通过三维坐标呈现被测物的空间环境形状以及在空间中的具体位置，然后利用计算机软件对三维坐标进行还原，帮助测量人员准确地了解、掌握测量物的原貌。现今，三维测绘技术已经应用在了更加广泛的领域，但还需要相关研究人员不断加强对卫星技术、网络技术等与高科技技术的联合使用，将其与 GPS 系统进行综合应用，将测量结果通过高质量的 GPS 形式准确地呈现出来，从而促进我国工程测量领域的长远发展。此外，还要加强对当前网络测量体系的革新及优化，希望在未来能为我国行业的发展做出更大的贡献。

第五章　测绘航空摄影与技术应用

第一节　测绘航空摄影概述

航空摄影是利用航空摄影机从飞机或其他航空器上获取指定范围内地面或空中目标的图像信息，利用影像生成对应区域的正射影像图，为国民经济建设、国防建设和科学研究提供基础数据支持的技术。它一般不受地理条件限制，能获取广大地域的高分辨率像片。航空摄影能为航空摄影测量提供影像等基础资料。航空摄影机主光轴在曝光瞬间与铅垂线的夹角叫作像片倾斜角。根据倾斜角的大小，可把航空摄影分为竖直航空摄影和倾斜航空摄影。

一、竖直航空摄影

像片倾斜角等于 0° 时，像片平面与地面平行，称为竖直航空摄影。但是摄影平台在实际飞行的过程中会受到各种因素的影响，飞机不可能始终保持平稳的飞行状态，从而导致航摄仪的主光轴偏离铅垂方向，像片倾斜角不可能绝对等于 0°。一般情况下倾斜角不超过 3° 的均为竖直航空摄影，目前的航空摄影主要是这种类型。

（一）航空摄影的技术流程

航空摄影一般由用户单位提出航摄任务和具体要求，并向当地航空主管部门申请升空权后由承担航摄的单位负责组织具体实施。

1. 提出航摄技术要求

用户单位在确定航摄任务时应根据航摄规范及本单位的具体情况进行分析，一般可从以下几个方面考虑航摄规范约束之外的具体技术要求: 规定摄区范围; 规定摄影比例尺; 规定航摄仪型号与焦距; 规定航摄胶片型号; 规定航向重叠和旁向重叠的要求; 规定底片冲洗时间; 规定任务执行的季节与时间期限; 规定航摄成果应提供的资料名称和数量。

2. 签订技术合同

用户单位明确航摄任务的具体技术要求后，应携带航摄计划用图和当地气象资料与承接方进行具体协商。双方应对航摄任务中提出的技术指标进行磋商，在平等、真实、自愿的基础上，经充分讨论确定之后，用户单位和承担航摄任务的单位签订航摄任务技术合同。

3. 申请升空权

签订合同后，用户单位应向当地航空主管部门申请升空权。在申请报告书中应明确说明航摄高度、航摄日期等具体数据，还应附上标注经纬度的航摄区域略图。

4. 航摄准备工作

承担航摄任务的航摄单位在签订合同后，应开始进行航摄的准备工作，包括航摄所需耗材的准备、航摄仪的检定、航摄分区图、航摄分区航线图、飞机与机组人员的调配，等等。

5. 航空摄影实施

航摄准备工作结束后，按照实施航空摄影的规定日期，选择晴朗无云的天气，调机进入摄区机场进行航空摄影。飞机进入航摄区域后，按设计的航高、航向，由第一条航线保持平直飞行进入摄影区，在飞机穿越摄影开始标志时，打开航摄仪进行自动连续摄影，当飞机穿越摄影终止标志时，关闭航摄仪，第一条航线摄影工作完成。飞机继续前飞，直到飞出方向标志时开始转弯，进行第二条航线的飞行摄影。如此往返，直到完成整个摄区所有航线的摄影工作为止。如果测区面积较大或测区地形复杂，可将测区分为若干分区，按区进行摄影。在进行大比例尺航空摄影或是测区较小时，为了保证旁向重叠度，也可以采取单向进入测区的方式拍摄。

飞行完毕后，应尽快进行影像处理，对像片进行检查、验收与评定，以此来确定是否需要重摄或是补摄。

6. 送审

航摄单位在完成航摄工作后，应将航摄像片送至当地航空主管部门进行安全保密检查。

7. 资料验收

送审并确定合格后，用户单位将以合同为依据进行验收。验收资料的主要内容有检查摄影资料的飞行质量和摄影质量、检查航摄资料的完整性等。

（二）对摄影资料的基本要求

航空摄影获取的像片是航空摄影测量成图的原始依据，航摄像片的好坏直接影响测图精度大小，因此，航空摄影测量对摄影像片质量和飞行质量均有严格要求。

1. 影像的色调

要求影像清晰，色调一致，反差适中，像片上不应有妨碍测图的阴影。

2. 像片重叠度

为满足测图的要求，使影像既覆盖整个测区又能够进行立体测图，相邻像片应有一定的重叠。

同一航线上相邻像片间的影像重叠叫作航向重叠，相邻航线间的重叠称为旁向重叠。重叠度用像片重叠部分与像片边长比值的百分数来表示。航向重叠一般规定重叠度为 60% ~ 65%，最小不得小于 53%，最大不大于 75%。旁向重叠一般规定重叠度为 30% ~ 35%，最小不小于 13%，最大不大于 50%。如果重叠度小于最低要求，称为航摄漏洞，必须补摄；如果重叠度过大，将影响作业效率和提高作业成本。

3. 像片倾斜角

摄影机主光轴与铅直方向的夹角称为像片的倾斜角。倾斜角为 0° 时的垂直摄影，是最理想的状态，像片上地物的影像一般与地面物体顶部的形状基本相似，像片各部分的比例尺大致相同。但飞机在航摄工作时受到其他因素的影响，不能保持完全的平直飞行，倾斜角的概略值可由像片边缘的水准器影像中的气泡位置判读。一般要求倾角不大于 2°，最大不超过 3°。

4. 航摄比例尺与航高

摄影比例尺又称为像片比例尺，由摄影机的主距和摄影的高度来计算。

摄影比例尺的确定取决于成图比例尺、摄影测量成图方法和成图精度，另外考虑经济性和摄影资料的可使用性。摄影比例尺确定后，可根据公式计算航高，以获得符合生产要求的摄影像片。当然，在飞行中很难精确地控制航高，但是要求同一航线内各摄影站的高差不得大于 50 m。

5. 航线弯曲度

受技术和自然条件限制，飞机往往在飞行时不能按预定航线行驶而产生航线弯曲，造成漏摄或旁向重叠过小，从而影响内业成图。航线弯曲度由偏离航线最大的主点距离与航向航线长度比值的百分数来表示，一般要求不大于3%。

6.像片旋角

相邻像片的主点连线与像幅沿航线方向两框标连线间的夹角称像片旋角。像片旋角是由于在空中摄影时，航摄仪定向不准而产生的。有的像片旋角会使重叠度受到影响，一般要求像片旋角不超过6°，最大不大于8°。

二、倾斜航空摄影

倾斜摄影是指由一定倾斜角的航摄相机所获取的影像。倾斜摄影技术是国际测绘遥感领域近年发展起来的一项高新技术，通过在同一飞行平台上搭载多台传感器，同时从垂直、倾斜等不同角度采集影像，以获取地面物体更为完整准确的信息。

（一）倾斜摄影的特点

倾斜摄影主要特点有：①可以获取多个视点和视角的影像，从而得到更为详尽的侧面信息。②具有较高的分辨率和较大视场角。③同一地物具有多重分辨率的影像。④倾斜影像地物遮挡现象较突出。⑤倾斜摄影可获取多个视角影像，全方位获取地物信息。⑥相比传统建模方式，倾斜摄影可以更为快捷地获取建筑物的顶部及侧面纹理信息，并通过专业的数据处理软件快速生成三维模型，还原真实世界。

常用的影像数据主要来源于垂直角度（或倾角很小）的航空或卫星影像，这些影像大多只有地物顶部的信息特征，缺乏地物侧面详细的轮廓及纹理信息，不利于全方位的模型重建和场景感知。同时，这些影像上建筑物容易产生墙面倾斜、屋顶位移和遮挡压盖等问题，不利于后续的几何纠正和辐射处理。

（二）各类倾斜摄影机简介

新型多线（面）阵、多角度数码相机的应用（如 ADS40/80，SWDC-5 等）为多视影像和大角度倾斜影像的获取提供了可能性；高性能倾斜摄影测量处理系统的不断改进也使得倾斜影像的处理更加便利。

世界上较早的倾斜摄影相机被认为是 Leica 公司 2000 年推出的 ADS40 三线阵数码相机，可提供地物前视、正视和后视 3 个视角的影像。美国 Pictometry 公司和天宝公司（Trimble）则专门研制了倾斜摄影用的多角度相机，可以同时获取一个地区多个角度的影像；我国的四维远见公司也研制了自主知识产权的多角度相机。

1. 三线阵相机系统

三线阵 ADS40/80 相机可以获取高分辨率的影像，并通过连续推扫式成像。其前视和后视相机可以提供同一航带上地物的倾斜影像。相机的前视倾角约为 28°，后视倾角约为 14°，获取的多视影像可以较为清晰地反映出地物的侧面纹理特征。此类影像处理很复杂，需要伴随高精度的 POS 数据，生成多级影像产品，但前后视倾角难以获取地物完整的侧面轮廓。

2. 三相机系统

天宝 AOS 倾斜相机系统由 3 台大幅面数码相机组成，一台下视获取垂直影像，另外两台获取倾斜角度在 30°~40° 的倾斜影像。通过旋转型架构结构，实现前、后、左、右倾斜和垂直 5 个方向的摄影。整个镜头在曝光一次后自动旋转 90°，以此获取地物 4 个方向上的侧视影像。

3. 五相机系统

SWDC-5 倾斜摄影相机由 5 台哈苏 H3D 相机组成，中间一台垂直摄影，其余 4 台分别向 4 个方向进行倾斜摄影，其倾斜角度在 40°~45°，相机上方安置有 IMU 导航系统，同时集成全球定位系统，可以在曝光瞬间准确获取相机倾角及外方位元素。Pictometry 相机系统由 5 台数码相机组成，一台获取垂直影像，另外四台从前、后、左、右 4 个方向同时获取地物的侧视影像。相机倾斜角度在 40°~60°，因此可以较为完整地获取地物侧面的轮廓和纹理信息。

（三）倾斜影像测量的关键技术

1. 多视影像联合平差

多视影像不仅包含垂直摄影数据，还包括倾斜摄影数据，而部分传统空中三角测量系统无法较好地处理倾斜摄影数据。因此，多视影像联合平差需充分考虑影像间的几何变形和遮挡关系。结合 POS 系统提供的多视影像外方位元素，采取由粗到精的金字塔匹配策略，在每级影像上进行同名点自动匹配和自由网光束法平差，得到较好的同名点匹配结果。同时，建立连接点和连接线、控制点坐标、GPU/IMU 辅助数据的多视影像自检校区域网平差的误差方程，通过联合解算，确保平差结果的精度。

2. 多视影像密集匹配

影像匹配是摄影测量的基本问题之一，多视影像具有覆盖范围大、分辨率高等特点。因此，如何在匹配过程中充分考虑冗余信息，快速准确获取多视影像上的同名点坐标，进而获取地物的三维信息，是多视影像匹配的关键。由于单独使用一种匹配基元或匹配策略往往难以获取建模需要的同名点，因此近年来随着计算机视觉发展起来的多基元、多视影像匹配，逐渐成为人们研究的焦点。

目前，该领域的研究已取得很大进展，例如建筑物侧面的自动识别与提取。通过搜索多视影像上的特征，如建筑物边缘、墙面边缘和纹理，来确定建筑物的二维矢量数据集，影像上不同视角的二维特征可以转化为三维特征，在确定墙面时，可以设置若干影响因子并给予一定的权值，将墙面分为不同的类，将建筑的各个墙面进行平面扫描和分割，获取建筑物的侧面结构，再通过对侧面进行重构，提取出建筑物屋顶的高度和轮廓。

3. 数字表面模型生成和真正射影像纠正

多视影像密集匹配能得到高精度高分辨率的数字表面模型（DSM），充分表达地形地物起伏特征，已经成为新一代空间数据基础设施的重要内容。由于多角度倾斜影像之间的尺度差异较大，加上较严重的遮挡和阴影等问题，基于倾斜影像的DSM自动获取存在新的难点。可以首先根据自动空三解算出来的各影像外方位元素，分析与选择合适的影像匹配单元进行特征匹配和逐像素级的密集匹配，并引入并行算法，提高计算效率。在获取高密度DSM数据后，进行滤波处理，并将不同匹配单元进行融合，形成统一的DSM。多视影像真正射纠正涉及物方连续的数字高程模型（DEM）和大量离散分布粒度差异很大的地物对象，以及海量的像方多角度影像，具有典型的数据密集和计算密集特点。因此，多视影像的真正射纠正，可分为物方和像方同时进行。在有DSM的基础上，根据物方连续地形和离散地物对象的几何特征，通过轮廓提取、面片拟合、屋顶重建等方法提取物方语义信息；同时在多视影像上，通过影像分割、边缘提取、纹理聚类等方法获取像方语义信息，再根据联合平差和密集匹配的结果建立物方和像方的同名点对应关系，继而建立全局优化采样策略和顾及几何辐射特性的联合纠正，同时进行整体匀光处理，实现多视影像的真正射纠正。

（四）无人机航空摄影

无人机摄影测量系统就是通过无线电遥控设备或是机载计算机程控系统操控

无人机，通过无人机携带的高清相机在空中对所测物体连续拍照，获取高重合度的影像照片的一套系统。

无人机以高分辨率轻型数字遥感设备为机载传感器，以数据快速处理系统为技术支撑，具有对地快速实时调查监测能力，广泛应用于土地利用动态监测、矿产资源勘探、地质环境与灾害勘查、海洋资源与环境监测、地形图更新、林业草场监测，以及农业、水利、电力、交通、公安、军事等领域。

1. 特点

无人机数字航空摄影测量相对于传统的航空摄影测量来说，具有不同的技术特点。

无人机是低空飞行，空域申请便利，可在短时间内完成升空准备；同时降低了对天气条件的要求，可快速完成测绘任务。系统为多种小型遥感传感器提供了良好的搭载平台，易于扩展检测功能，以满足多种快速监测需要。相对于载人飞机航摄系统，无人机低空遥感系统购置费用较低，且其运营、维护和操作的成本都远远低于载人航摄系统。

2. 种类

无人机航空摄影测量系统主要由以下几部分组成：无人驾驶飞行器、飞行控制系统、影像获取设备、通信设备、遥控设备和地面信息接收与处理设备。无人机的分类方式有很多种，按外形结构划分，无人机可分为多旋翼无人机、固定翼无人机和无人直升机。多旋翼无人机，也可叫作多轴无人机，根据螺旋桨数量，又可细分为四旋翼、六旋翼、八旋翼等。

一般认为，螺旋桨数量越多，飞行越平稳，操作越容易。多旋翼无人机具有可折叠、垂直起降、可悬停、对场地要求低等优点，是消费级和部分民用的首选平台，灵活性介于固定翼和直升机中间，但操纵简单、成本较低。

固定翼无人机外形像"十"字或"士"字，机翼与机身垂直。此类无人机采用滑跑或弹射起飞，伞降或滑跑着陆，对场地有一定要求；巡航距离、载重等指标明显高于多旋翼无人机。固定翼无人机的抗风能力比较强，是军用和多数民用无人机的主流平台。无人直升机是灵活性最强的无人机平台，可以原地垂直起飞和悬停，但一般体型较大、油动驱动，需要专业操作人员操控，因此，对无人直升机使用不灵活、技术难度大等原因导致无人直升机在民用市场并不多见。

第二节　无人机测绘技术的应用

一、在应急测绘保障中的应用

我国无人机摄影测量技术应用起步不算太晚。20 世纪 80 年代初，西北工业大学就首先尝试利用 D-4 固定翼无人机进行测绘作业。发展至今，国内的主要无人机研发和制造单位所生产的固定翼无人机、多旋翼无人机都已具备了应急测绘任务执行能力。

无人机摄影测量技术是现代化测绘装备体系的重要组成部分，是测绘应急保障服务的重要设施，也是国家级、省级、市级应急救援体系的有机组成部分。无人机摄影测量技术将摄影测量技术和无人机技术紧密结合，以无人驾驶飞行器为飞行平台，搭载高分辨率数字遥感传感器，获取低空高分辨率遥感数据，是一种新型的低空高分辨率遥感影像数据快速获取系统。

无人机摄影测量技术在应急测绘领域主要集中在无人机遥感技术的具体实践和应用。无人机遥感技术包括先进的无人驾驶飞行器技术、遥感传感器技术、遥测遥控技术、通信技术、差分全球定位系统（DGPS 定位技术）和遥感应用技术。它是自动化、智能化、专业化、快速获取应急状态下的空间遥感信息，并进行实时处理、建模和分析的先进新兴航空遥感技术的综合解决方案。

历经数十年的发展，无人机应急测绘已呈现如下一些特点。

（一）应急测绘保障任务的行业性

无人机摄影测量技术在海洋行业由无人机海面低空单视角转换为海面超低空多视角，并获取 SAR、高光谱、高空间分辨率以及多种海况海难、海洋环境的监测数据。电力行业主要采用大型无人直升机对高压输电线路及通道进行巡查作业。石油行业多使用多旋翼无人机对油气平台、场站等进行监测，使用小型固定翼无人机进行管道巡查等。

（二）系统技术趋于智能化和高集成

无人机遥感系统在应急测试保障技术方面向自主控制、高生存力、高可靠性、互通、互联、互操作等方向发展，不断与平台技术、材料技术、先进的发射回收技术、武器和设备的小型化及集成化、隐身技术、动力技术、通信技术、智能控制技术、空域管理技术等相关领域的高新技术融合互动。

（三）任务执行趋于高效性

无人机遥感系统硬件的发展反馈于应用领域，主要体现在任务执行时的无人机续航时间更长、负荷能力更强。随着科技的不断发展及新材料、新技术的应用，无人机续航、载重能力持续提高，任务执行趋于更高效。

（四）载荷多样化、平台集群化

针对自然灾害频发易发、灾害种类特点各异等难点，无人机遥感载荷系统已由单一可见光相机，发展成为包括高光谱、SAR 等多传感器综合的载荷系统，获取的应急测绘地理信息更为丰富，数据表达更为明确，实现了无人机的"一机多能"。同时，无人机遥感平台的应用，也陆续由单无人机独立作业发展成为多无人机、集群无人机的协同作业。这样，既可提高执行应急保障的质量，也可扩展应急保障的能力。

二、在国土资源领域的应用

（一）大比例尺地形图规模化生产

无人机航测成图是以无人机为飞行载体，以非量测数码相机为影像获取工具，利用数字摄影测量系统生产高分辨率正射影像图（DOM）、高精度数字高程模型（DEM）、大比例尺数字线划图（DLG）等测绘产品。随着无人机技术的广泛应用，客户的需求水平也越来越高，无人机大比例尺航测成图的质量在无人机技术应用中尤为关键，产品质量的提高研究大大推动了无人机测绘技术的应用。

传统的大比例尺地形图测绘多采用内外业一体的数字化测图方法，即首先采用静态 GNSS 测量技术布设首级控制网，然后采用 GNSS RTK 与全站仪相结合的方法进行碎部测量。传统的地形测量方法为点测量模式，即需要测量人员抵达每一个地形特征点，通过逐点采集来获取数据，非常辛苦，测量效率较低，在大范围地形测量中受到了一定的限制。因此，探讨更加灵活机动、高效率的地形测量方法非常必要。近年来，无人机低空摄影测量技术的发展和成熟，提供了新的大比例尺地形测量的方法。

基于无人机测绘技术方法测绘大比例尺地形图的主要工作步骤包括：获取测区影像数据、野外像控点测量、内业空三加密及数字测图。其中记录影像大地坐标、DEM 数据及三个角元素的文件、相机文件、空三精度报告、照片的外方位元素、记录自动提取的特征点的大地坐标文件、精确匹配后确定的用于相对定向和空三平差的定向点影像坐标文件等，经过空三加密后的影像可以直接导入测图软件进行数字测图。

无人机测绘技术在大比例尺地形图中的应用具有很强的可行性，它能够快捷地获得高精度的低空影像，加强测绘结果的时效性，经过合理处理之后的高精度低空影像，能够应用于新农村建设、城市变形监测、城市规划、国土资源遥感监测、重大工程项目监测、资源开发及应急救灾等许多方面。无人机测绘技术在较大程度上促进了我国测绘行业的快速发展，对于国民经济建设具有十分深远且重要的意义。

（二）地籍测绘

近年来，科学技术的发展极大地带动了无人机技术水平的提升，并使其在众多领域都得到了有效的应用。尤其是在测绘领域，当前阶段无人机航测技术虽然只是一项较新的测绘技术，但是其所具有的体积小、起落方便、测量精确性高及不受天气影响等众多优势，使其在测绘领域得到了广泛应用。

1. 地籍测绘方面数据的获取

地籍测绘方面较多地使用无人机航测是因为无人机航测对地籍测绘数据获取的作用极为显著，具有快速、高效、正确的巨大优势。在地籍测绘的数据采集工作中，常常会遇到一些人们难以到达的地方，并且有可能会存在一些风险，还有些地方由于面积过大，难以在短时间内完成测绘，这些都是传统地籍测绘中比较棘手的问题，而无人机航测技术的应用则解决了这些问题。无人机拥有卓越的飞行能力，不论高山、瀑布，都可以轻易到达。并且无人机的飞行速度并不慢，短时间内也可以对一些大面积地区快速采集影像。无人机上还携带了专门的摄影机器，采集的资料更为精准。如此种种，使得无人机航测在数据获取上占据领先地位。

2. 影像的初步处理

当受到大风天气或其他因素影响时，无人机所拍摄的影像会存在较大的误差。这些误差产生的主要原因是地物反射的光线发生了变形，导致无人机拍摄的图像效果也出现了变化，影响航测工作的质量和进度。对此，可以对无人机内部的射线装置进行处理,其能够在拍摄前对图片影像进行空三加密处理,拍摄的图像更加清晰。地籍测绘对于拍摄的影像有着极为严格的要求,无人机航测拍摄的图片,原本已做过处理,所以图片的质量和图片本身的精确度都有不小的改善,对于地籍测绘来说可以极大地提高工作效率。

3. 影像畸变差修正

当前阶段,无人机所搭载的摄像机以数码相机为主,但是此类摄像机在拍摄过程中,经常会收到各种误差影像,导致光线变形,进而引发畸变,影响拍摄效果。因此,在对像片进行精确检查后,需要对畸变图像进行修正。在具体操作中,首先需要利用投影几何图像变换原理对其进行检测,然后以此为基础对像片进行修正。此外,为进一步保证图像修正效果,还需要消除像片中存在的噪声,同时利用直线约束力强化畸变系数。

4. 特殊项目处理

对于一些高海拔地区的地籍测绘项目,由于其地理环境及气候条件等都与低海拔地区存在较大的差异,在应用无人机航测技术进行测量时也会遇到较多的困难:第一,没有起落场地,需要利用弹射起飞及伞降回收等;第二,有时会遇到阵雨情况,为确保航拍质量,需要工作人员随时做好起降准备,并且在回收无人机后第一时间查看像片是否完好;第三,高海拔地区由于风速较大,需要适当加大旁向与航向的重叠度,避免出现航摄漏洞。

总而言之,在地籍工作中,无人机技术的应用有着十分明显的优越性。该技术的应用可以有效收集与整理数据,并且能够在很大程度上保障数据的准确性,提升地籍测绘工作水平。

(三)执法监察

通过无人机遥感监测系统的监测成果,可以及时发现和依法查处被监测区域的国土资源违法行为。对重点地区和热点地区要实现滚动式循环监测,实现国土资源动态巡查监管,违法行为早发现、早制止和早查处。

(四)灾害应急

应用无人机遥感服务可对地质环境和地质灾害进行及时、循环监测,第一时间采集地质灾害发生的范围、程度和源头等信息,为地质部门制定灾害应急措施提供快速、准确的数据支持。

三、在数字城市建设中的应用

无人机航拍摄影技术作为获取空间数据的一项重要手段，是卫星遥感与载人机航空遥感的有力补充。目前，我国的无人机在总体设计、飞行控制、组合导航、中继数据链路系统、传感器技术、图像传输、信息对抗与反对抗、发射回收、生产制造等方面的技术日渐成熟，应用也日益增多。尤其是近几年，我国民用无人机市场的应用不断拓展，不仅在空管、适航标准等因素突破后实现跨越式发展，在数字城市建设领域的应用前景也越来越广阔。

无人机空间信息采集完整的工作平台可分为四个部分：飞行器系统部分、测控及信息传输系统部分、信息获取与处理部分、保障系统部分。无人机低空航拍摄影广泛应用于国家基础地图测绘、数字城市勘探与测绘、海防监视巡查、国土资源调查、土地地籍管理、城市规划、突发事件实时监测、灾害预测与评估、城市交通、网线铺设、环境治理、生态保护等领域，有广阔的应用前景，对国民经济的发展具有十分重要的现实意义。下面就无人机在数字城市建设的部分应用场景作简单说明。

（一）街景应用

利用携带拍摄装置的无人机，开展大规模街景航拍，实现空中俯瞰城市实景的效果。目前街景拍摄有遥感卫星拍摄和无人机拍摄等。但在有些地区由于云雾天气等因素的影响，遥感卫星的拍摄质量以及成果无法满足要求时，低空无人机拍摄街景就成了首要选择。

（二）电力巡检

装配有高清数码摄像机和照相机以及 GNSS 定位系统的无人机，可沿电网进行定位自主巡航，实时传送拍摄影像，监控人员可在电脑上同步收看与操控。采用传统的人工电力巡线方式，条件艰苦，效率低。无人机实现了电子化、信息化、智能化巡检，提高了电力线路巡检的工作效率、应急抢险水平和供电可靠率。而在山洪暴发、地震灾害等紧急情况下，无人机可对线路的潜在危险，如塔基陷落等问题进行勘测与紧急排查，丝毫不受路面状况影响，既免去攀爬杆塔之苦，又能勘测到人眼的视觉死角，对于迅速恢复供电很有帮助。

（三）灾后救援

利用搭载了高清拍摄装置的无人机对受灾地区进行航拍，可以提供一手的最新影像。无人机动作迅速，起飞至降落仅需几分钟，就能完成 10 万 m² 的航拍，对于争分夺秒的灾后救援工作意义重大。此外无人机拍摄还能充分保障救援工作的安全，通过航拍的形式，回避那些可能存在塌方的危险地带，将为合理分配救援力量、确定救灾重点区域、选择安全救援路线以及灾后重建选址等提供很有价值的参考。此外，无人机还可实时、全方位地监测受灾地区的情况，以防引发次生灾害。

四、在矿山监测中的应用

利用无人机测绘技术，可以在矿山开发状况、矿山环境等多目标遥感调查与监测工作的数字矿山建设、矿产资源监测、村庄压占拆迁快速测量与评估、矿区地质灾害监测、矿区灾害应急救援指挥等方面发挥作用。

（一）数字矿山建设

数字矿山建设是矿山信息化管理的重要手段，它的建设需要基础地理信息数据，包括遥感影像、地形图和 DEM 数据等。随着矿山建设的快速发展，需要及时更新基础地理数据。

目前，矿山企业主要采用常规测量手段，周期长、费用高，且难以适应数字矿山建设的需求。多数矿山在偏僻山区，不适宜大飞机作业。无人机可以弥补上述不足，可随时获取动态变化数据，满足数字矿山建设的需求。

（二）矿产资源监测

由于矿山资源具有稀缺性和不可再生的特点，所以易出现乱采、乱挖的现象，特别是对于那些无证开采的矿山，单靠人力监管，效果甚微，需要借助高科技的手段才能有效管理。利用无人机技术可以实现空中监视，无须到达目标区即可取证，可以有效地实施监管，有力地打击违法开采资源的活动。

（三）村庄压占拆迁快速测量与评估

矿山建设发展过程中，需要对矿井周边原有居民地等地面建（构）筑物进行调查，测算征迁补偿费用。这一调查工作任务重，尤其是进入居民区，容易引起民心恐慌，激化企业与地方的矛盾，影响地表附属物的调查结果与质量，不利于企业的可持续发展，更不利于矿业集团公司发展战略的稳步实施。因此，以影响较小的方式摸清查准地表附属物的补偿数量与结构，对于精确测算补偿费用，切实维护当地政府、居民与企业的利益具有重要作用。

通过采用传统的拆迁测量方式进行地表附属物的面积及结构统计，显然不能有效满足这一特殊需要。利用无人机对矿区村庄压占拟拆迁房屋进行航空摄影测量，可以快速获取拆迁的全部建筑物的真实影像信息，为制定拆迁补偿与评估政策、有效解决拆迁补偿纠纷提供第一手的翔实资料。

（四）矿区地质灾害监测

利用无人机低空遥感技术监测矿区地表沉陷扰动范围、矿石山压占面积，对地表沉陷控制模式及生态景观保护与重建具有重要意义，可以利用无人机影像图进行地裂缝、地面沉降及滑坡体解译。

（五）矿区灾害应急救援指挥

无人机在灾害救助领域具有广泛应用前景。预警期间可以在高风险地区航拍获取灾前地面影像资料；在灾中应急调查和快速评估期间，可以获取百千米级受灾区域的影像资料，扩大灾害调查范围，提高灾害监测能力；灾后恢复重建和损失评估期间，通过航拍可进行灾后恢复重建选址、规划、进度调查和监测，以及进行灾情总体评估和专项评估。

五、在电力工程中的应用

近年来，我国经济快速发展，对电力的需求也变得更加旺盛，对电力工程建设的需求也在加强。国家电网公司正进行升级线路大幅扩建，线路将穿越各种复杂地形。如何解决电力线路检测的精度和效率，是困扰电力行业的重大难题。伴随着无线通信技术、航空遥感测绘技术、GNSS 导航定位技术及自动控制技术的发展，无人机航空遥感测绘技术可以很好地完成电力巡查和建设规划的任务，也可以在一定程度上降低国家的经济损失。电力无人机主要指无人机在电力工程方面所充当的角色，具体应用于基础建设规划、线路巡查、应急响应地形测量等领域。随着测绘技术的不断提高，电力无人机在未来电力工程建设中将会发挥更加强劲的优势。

（一）测绘地形图

无人机测量地形图的技术在电力勘测工程上中的应用主要有以下三个方面。

第一，用于工程规模较小的新建线路航飞。据统计，全国每年有数千千米的线路较短的电网工程，路径短小，工程时间紧；同时，这些工程规模小，也不便于收集资料。因此，这些工程仍以传统的测绘方法进行路径选择设计，无法贯彻全过程信息化技术的应用，不能为未来整体的智能电网建设提供基础数据。而无人机摄影测量系统的特点可以很好地满足此种类型工程的勘测需要。

第二，用于工程路径局部改线的航飞。电力工程施工定位或建设中可能会遇到一些意想不到的情况，导致路径的调整，从而超出原有航摄范围。此时再调用大飞机进行航空摄影不仅手续烦琐，成本较高，而且不能保证工期要求。无人机航空摄影测量系统的"三高一低"特点，恰恰弥补了常规摄影测量的不足。

第三，用于运行维护中的局部线路数据更新维护的航飞。随着电力工程的不断建设，输电线路的安全显得尤为重要，线路的运行维护日益得到重视。目前主要有直升机巡线、在线监测系统等手段辅助线路的运行管理工作。在复杂山区，测量人员难以到达，使用无人机系统，可以快速获取相关数据，保证数据库不断更新和基础数据的时事性，便于技术人员对比分析，查找对输电线路运行安全有影响的危险因素，以便于及时采取处理措施。

（二）规划输电线路

在对各种类型的输电线路进行走廊规划时，对规划的区域要进行详细的信息采集和测绘工作。最好的方式就是采用无人机测绘系统，不仅可以在获得数据时实现高效性，还可以在各方面降低环境对信息采集与勘测的影响。这样可以有效地对数据进行分析，全面考虑各方面的因素，再由各方进行相互协调，对有限的资源进行充分利用，可以使区域规划与线路走向更加合理，优化输电线路的路径，同时可以起到降低成本的作用。

（三）无人机架线

最原始的架线方式是人力展放牵引绳，适合一般跨越，但是施工效率低，对于特殊跨越，施工难度较大。动力伞是目前输电线路工程较常用的展放牵引绳的施工方式，但是需要驾驶员操控，施工过程存在危险，容易出现人身事故，飞行稳定性较差。现在发展势头迅猛的无人机架线方式可以轻松地飞越树木，向地面空投导引绳。在施工中也会遇到沼泽、湖面、农田、高速公路、山地等，当人为操作难以实现架线施工时，电力无人机可以大显身手，完成跨越任务。带电跨越这种情况通常存在于线路改造过程中，需要在一条通电线路的基础上横跨一条新的线路，为了保证施工人员的安全，无论多重要的线路，传统施工都只能先对原线路进行断电后再施工。而用电力无人机来架线，就可避免断电的情况。电动无人机配上自主飞行系统就可以完成巡线等任务，在降低劳动强度和难度的同时，电力工人的人身安全也得到了保障。

（四）无人机巡检

无人机巡检系统一般由无人机分系统、任务载荷分系统和综合保障分系统组成。无人机分系统指由无人驾驶航空器、地面站和通信系统组成，通过遥控指令完成飞行任务。任务载荷分系统是完成检测、采集和记录架空输电线路信息等特定任务功能的系统，一般包括光电吊舱、地面显控单元以及云台、相机红外热像仪等设备或装置。综合保障分系统是保障无人机巡检系统正常工作的设备及工具的集合，一般包括供电设备、动力供给（燃料或动力电池）、专用工具、备品备件和储运车辆等。

无人机输电巡线系统是一个复杂的集航空输电电力、气象、遥测遥感、通信、地理信息图像识别、信息处理于一体的系统，涉及飞行控制技术、机体稳定控制技术、数据链通信技术、现代导航技术、机载遥测遥感技术、快速对焦摄像技术以及故障诊断等多个高精尖技术领域。无人机智能巡检作业过程中，可采用固定翼无人机巡检系统，通过遥控图像系统对输电导线、地线、金具、绝缘子及铁塔情况进行监测，对输电线路进行快速、大范围巡检筛查，巡检半径可以在 100 km 以上；如发现异常，可利用运载平台无人机智能巡检系统进入作业现场，利用旋翼无人机巡检系统或线航两栖无人机前往异常点进行精细巡检，并利用便携式检测设备进行人工确认。

无人机作业可以大大提高输电维护和检修的速度与效率，使许多工作能在完全带电的环境下迅速完成。无人机还能使作业范围迅速扩大，且不被污泥和雪地所干扰。因此无人机巡线方式无疑是一种安全、快速、高效、前途广阔的巡线方式。

六、在环境保护领域的应用

近几年随着我国经济高速发展，一部分企业忽视环境保护工作，片面追求经济利益，导致生态破坏和环境污染事故频发，甚至有的企业为节约成本，故意不正常使用治污设施而偷排污染物。环境保护形势严峻，环境监管执法任务越来越繁重，深度和难度逐年增加，执法人员不足，监管模式相对单一，显然传统的执法方式已很难适应当前工作的需要。而无人机的遥感系统，可以实时快速跟踪突发环境污染事件，捕捉违法污染源并及时取证，从宏观上观察污染源分布、排放状况及项目建设情况，为环境管理提供依据。利用无人机航拍巡航侦测生成的高清晰图像，可直观辨别污染源、排污口和可见漂浮物等，并生成分布图，实现对环境违法行为的识别，为环保部门环境评价、环境监察执法、环境应急提供依据，从而弥补监察人力不足、巡查范围不广、事故响应不及时等问题，提高环境监管能力。无人机生成的多光谱图像，可直观、全面地监测地表水环境质量状况，形成饮用水源地水质管理的新模式，提高库区环境整体的水生态管理水平。

（一）环境污染范围调查

传统的环境监测，通常采用点监测的方式来估算整个区域的环境质量，具有一定的局限性和片面性。无人机航拍与遥感具有视域广、及时、连续的特点，可迅速查明调查区的环境现状。借助系统搭载的多光谱成像仪、照相机生成图像，可直观、全面地监测地表水环境质量状况，提供水质富营养化、水体透明度、悬浮物排污口污染状况等信息的专题图，从而达到对水质特征、污染物监视性监测的目的。无人机还可搭载移动大气自动监测平台对目标区域的大气进行监测，自动监测平台不能够监测污染因子，可采用搭载采样器的方式，将大气样品在空中采集后送回实验室监测分析。无人机遥感系统安全作业保障能力强，可进入高危地区开展工作，从而有效避免监测采样人员的安全风险。

（二）突发事件现场勘测

在环境应急突发事件中，无人机遥感系统可克服交通不便、情况危险等不利因素，快速赶到污染事故所在空域，立体地查看事故现场、污染物排放情况和周围环境敏感点污染物分布情况。系统搭载的影像平台可实时传递影像信息，监控事故进展，为环境保护决策提供准确信息。

无人机遥感系统使环保部门对环境突发事件的情况了解得更加全面，对事件的反应更加迅速，相关幅人员之间的协调更加充分、决策更加有依据。无人机遥感系统的使用，还可以大幅降低环境应急工作人员的工作难度，同时工作人员的人身安全也可以得到有效保障。

（三）区域巡查执法取证

当前，我国工业企业污染物排放情况复杂、变化频繁，环境监察工作任务繁重，环境监察人员力量也显不足，监管模式相对单一。无人机可以从宏观上观测污染源分布、污染物排放状况及项目建设情况，为环境监察提供决策依据；同时，通过无人机监测平台对排污口污染状况的遥感监测，也可以实时快速跟踪突发环境污染事件，捕捉违法污染源并及时取证，为环境监察执法工作提供及时、高效的技术服务。

（四）建设项目审批取证

在建设项目环境影响评价阶段，环评单位编制的环境影响评价文件中需要提供建设项目所在区域的现势地形图，在大中城市近郊或重点发展地区能够从规划、测绘等部门寻找到相关图件，而在相对偏远的地区便无图可寻，即便是有图也因绘制年代久远或图像精度较低而不能作为底图使用。如果临时组织绘制，又会拖延环境影响评价文件的编制时间，有些环评单位不得已选择采用时效性和清晰度较差的图件作为底图，势必对环境影响评价工作质量造成不良影响。

无人机航拍、遥感系统能够有效解决上述问题，它能够为环评单位在短时间内提供时效性强、精度高的图件作为底图，并且可有效减少在偏远、危险区域现场踏勘的工作量，提高环境影响评价工作的效率和技术水平。

（五）自然生态监察取证

自然保护区和饮用水源保护区等需要特殊保护区域的生态环境保护，一直以来是各级环保部门工作的重点之一，而自然保护区和饮用水源保护区大多具有面积较大、位置偏远、交通不便的特点，其生态保护工作很难做到全面、细致。环保部门可采用无人机获取需要特殊保护区域的影像，通过逐年影像的分析比对或植被覆盖度的计算比对，可以清楚地了解该区域内植物生态环境的动态演变情况。从无人机生成的高分辨率影像中，甚至可以辨识出该区域内不同植被类型的相互替代情况，这样对区域内的植物生态研究也会起到参考作用。区域内植物生态环境的动态演变是自然因素和人为活动的双重结果，如果自然因素不变而区域内或区域附近有强度较大的人为活动，逐年影像也可为研究人为活动对植物生态的影响提供依据。当自然保护区和饮用水源保护区遭到非法侵占时，无人机能够及时发现，拍摄的影像也可作为生态保护执法的依据。

（六）监测空气、水质

气体的取样，其采样方式为无人机搭载真空气体采集器，对大气和工业区经行气体进行采样，适用于各种工业环境和特殊复杂环境中的气体浓度采集和检测。利用无人机平台可以进行高空检查和多方位检测，探测器采用气体传感器和微控制器技术，响应速度快，测量精度高，稳定性和重复性好，操作简单，完美显示各项技术指标和气体浓度值，可远程无线在电脑上查看实时数据，具有实时报警功能、数据历史查询和存储功能、数据导出功能等。定点航线飞行检测气体溶度值，可设置不同溶度的报警值。

自动水质的采样，其采样方式为无人机搭载自动水样采集器，悬停在目标区域进行采样取水。系统主要用在江、河、湖地带，以及环境复杂、人员不易到达的危险地带，通过无人机搭载自动水质采样系统，实现全程全自动飞行及采样，并全程高清影像记录。

七、在农、林业领域的应用

（一）在农业方面的应用

中国是世界上重要的粮食生产大国，拥有 15.50 亿亩（1 亩 =1/15 hm^2）永久基本农田。随着土地改革及中国农村土地流转和集约化管理进程加快，农业科技、农村劳动力日益短缺，无人机参与农业生产已经成为中国农业的发展趋势。近年来，农业科技化的发展越来越受到重视，以智能机器人取代人工进行劳作与监测逐渐进入大众的视野。农业植保无人机的应用，使喷洒农药、播种等农用技术变得更简便、精确、有效。无论是土壤红外遥感、农作物生长评估还是农业喷药，无人机在精准农业方面正发挥着越来越重要的作用，成为现代精准农业的尖兵，并将掀开精准农业的新篇章。

1. 农田药物喷洒

农用无人机在药物喷洒方面应用最广，与传统植保作业相比，植保无人机具有精准作业、高效环保、智能化、操作简单等特点，可使农户避免使用大型机械和节省大量人力成本。全国各地不少地区都已使用植保无人机进行药物喷洒作业，得到了人们的肯定。

2. 农田信息监测

无人机农田信息监测主要包括病虫监测、灌溉情况监测及农作物生长情况监测等。它利用以遥感技术为主的空间信息技术，通过对大面积土地进行航拍，从航拍的图片、摄像资料中充分、全面地了解农作物的生长环境、生长周期等各项指标，从灌溉到土壤变异，再到肉眼无法发现的病虫害、细菌侵袭，利用指标分析，指出出现问题的区域，从而便于农民更好地进行田间管理。无人机农田信息监测具有范围大、时效强、客观、准确的优势，是常规监测手段无法企及的。

3. 农业保险勘察

农作物在生长过程中难免遭受自然灾害的侵袭，使得农民收入受损。对于拥有小面积农作物的农户来说，受灾区域勘察并非难事，但是当农作物大面积受到自然侵害时，农作物勘察定损工作量极大，其中最难准确界定的就是损失面积问题。

农业保险公司为了更有效地测定实际受灾面积，进行农业保险灾害损失勘察，便将无人机应用到农业保险赔付中。无人机具有机动快速的响应能力、高分辨率图像和高精度定位数据获取能力、多种任务设备的应用拓展能力、便利的系统维护等技术特点，可以高效地完成受灾定损任务。通过航拍勘察获取数据，对航拍图片进行后期处理与技术分析，并与实地测量结果进行比较校正，保险公司可以更准确地测定实际受灾面积。无人机受灾定损，解决了农业保险赔付中勘察定损难、缺少时效性等问题，大大提高了勘察工作的速度，节约了大量的人力、物力，在提高效率的同时确保了农田赔付勘察的准确性。

（二）在林业方面的应用

日常的林业工作主要包括林业有害生物监测、森林资源调查、野生动物保护管理、森林防火和造林绿化等。外业工作环境艰苦，工作量大。目前，随着我国"3S"技术和图像视频实时传输等技术的发展，无人机和无人机技术逐渐应用于日常林业工作中，大大提高了工作效率和精度，节省了人力、物力，具有明显的优势和广阔的应用前景。

1. 林业有害生物监测防治

目前，我国森林病虫害监测与防治主要通过黑光灯诱杀、性引诱剂诱捕和人工喷洒农药的方式。由于我国造林绿化面积的增多以及气候因素的影响，森林病虫害呈现程度增强、面积增加的趋势，传统人工监测与防治手段在应对大面积森林病虫害监测防火时弱势凸显。

通过无人机喷洒药物、监测，能有效提升有害生物监测和防治减灾水平，大大减小林业有害生物对森林资源造成的生态危害。目前我国就有一些地区使用无人机进行病虫害防治，例如，勐腊县利用植保无人机对县内橡胶树病虫害进行监测和防治，应用结果表明无人机喷洒农药 1 h 的工作量相当于 2 个工人工作 1 天，极大地提高了橡胶行业病虫害防治效率，提高了应对橡胶突发病虫害的反应速度；山西临县利用植保无人机对辖区内病虫害严重的红枣树进行喷药防治，也取得了良好的效果。

2. 森林防火

森林火灾的发生会造成巨大的生态损失、经济损失和人员伤亡，是一种扑救难度大的灾害，因此国家非常重视森林防火工作，要求防患于未然。目前最基础的森林防火方式是派人实地巡逻考察，对于大面积的林区来讲，工作量大，危险性高，火点观测精度低。有人驾驶飞机飞行受限较多，且拍摄的图像很难满足高精度和高分辨率的要求，甚至在森林火灾发生时，存在很大的风险。在森林防火中利用无人机具有操作简便、部署快速、使用成本低、功能多样化、图像分辨率高等优点，同时能够实时了解火场发生态势和灭火效果，及时消灭火灾。

3. 野生动物监测

在野生动物资源监测方面，无人机利用其特有的高时效性，能够第一时间获取野生动物资源变化数据。利用无人机技术，可以实现对野生动物种群分布、生长情况的监测，也可以对濒危动物进行跟踪监测，减轻人工巡查对其造成的打扰，大大减少监测巡护的人工成本和经济成本。

4. 森林资源调查

森林资源调查是我国林业工作中非常重要的一项任务，森林资源调查的技术方法经历了航空像片调查方法、抽样调查、计算机和遥感技术调查等阶段，这些方法都离不开工作人员实地调查，尤其是在大规模林区，需要花费大量人力、物力。

利用无人机和遥感技术的结合，可快速获取所需区域的高精度森林资源空间遥感信息，具有高时效、低成本、低损耗、高分辨率等优势。

八、在水利相关领域的应用

由于无人机低空遥感具有高机动性、高分辨率等特点，所以其在水利行业的应用有着得天独厚的优势，在防汛抗旱、水土保持监测、水域动态监测、水利工程建设与管理等相关业务领域，无人机测绘技术都能发挥巨大作用。

（一）防汛抗旱

无人机测绘技术作为一种空间数据获取的重要手段，具有续航时间长、影像实时传输、高危地区探测、成本低、机动灵活等优点，是卫星遥感与载人机航空遥感的有力补充。无人机在日常防汛检查中，可克服交通不便等不利因素，快速飞到出险空域，立体查看蓄滞洪区的地形、地貌以及水库、堤防险工险段，根据机上所载装备数据，实时传递影像等信息，监视险情发展，为防洪决策提供准确的信息，同时最大限度地规避风险。小型无人机携带非常方便，到达一定区域后将其放飞，人员可以在安全区域内操控其飞行，并进行相关信息的实时采集、监控，为防汛决策提供保障。

无人机防汛抗旱系统的应用，可以使政府相关的部门对灾情了解更加全面，应对灾情的反应更加迅速，相关人员之间的协调更加充分、决策更有依据。无人机的使用，还可以大大降低工作人员的工作难度，在抗洪抢险中人身安全也可以得到进一步的保障。在防汛抗旱领域，无人机能够通过快速、及时、准确地收集应急信息，保障政府和其他应急力量在洪涝灾害或旱情来临时以多种方式进行高效沟通，为领导提供科学的辅助决策信息。

（二）水土保持监测

我国是世界上水土流失较严重的国家之一，由于特殊的自然地理和社会经济条件，水土流失已成为我国主要的环境问题。土壤侵蚀定量调查是水土保持研究的重要内容之一。在土壤侵蚀定量调查中，无人机可以发挥重要作用，其宏观、快速、动态和经济的特点，已成为土壤侵蚀调查的重要信息源。土壤侵蚀过程极其复杂，受多种自然因素和人为因素的综合影响。自然因素包括气候、植被（土地覆盖）、地形、地质和土壤等，人为因素包括土地利用、开矿和修路等。不同的土壤侵蚀类型的影响因子也不同，对于水蚀来说，参考通用土壤侵蚀方程各因子指标，并考虑遥感技术与常规方法相结合，一般选择降水、地形或坡度、沟谷密度、植被覆盖度、成土母质及侵蚀防治措施等作为土壤侵蚀估算的因子指标。同时，根据不同时期土壤侵蚀强度分级的分析对比，评价水保工程治理效果，指导今后水土保持规则和设计工作。

无人机可以在低空、低速情况下对研究区进行拍摄，航拍的像片真实、直观地反映了研究范围内水土流失状况、强度及分布情况。可利用地理信息系统建立研究范围内水土流失本底数据库，确定土壤侵蚀类型、强度、范围，以及地形、植被、管理措施等土壤侵蚀影响因子，为利用地理信息系统分析研究范围内的水土流失奠定基础。

（三）水域动态监测

水资源是人民生活、生产不可缺少的重要资源，随着人口增加和工业发展，水资源供需矛盾日益突出，水资源的合理开发利用是当前急需解决的问题，而河流水系分布及流域面积的准确计算是合理开发利用的基础。目前，由于时间变迁和当时技术水平的限制，许多河流水系分布、流域面积等基础资料已不能准确反映当前状况。水域动态监测调查的目标是查清研究范围内的水域变化状况，掌握真实的水域基础数据，建立和完善水域调查、水域统计和水域占补平衡制度，实现水域资源信息的社会化服务，满足经济社会发展及水域资源管理的需要。

利用无人机低空遥感技术进行水资源调查，速度快、准确率高，并且可节省大量人力、物力、财力。同时，通过对水域利用状况和水域权属界线等资料进行全面的变更调查或更新调查，按照科学的技术流程，采用成熟的目视解译与计算机自动识别相结合的信息提取技术，进行数据采集和图形编辑，获取每一块水域动态监测的类型、面积、权属和分布信息，建立各级互联、自动交换、信息共享的"省、市、县"水域动态监测利用数据库和管理系统。利用无人机低空遥感信息，还可以监测河道变化、非法水域占用等情况，为预测河道发展趋势、水域占用执法等工作提供数据支持。支持无人机水域监测数据还可以应用到水利规划、航道开发等方面，具有十分可观的经济效益和显著的社会效益。

（四）水利工程建设与管理

水利工程建设与管理方面涉及水利工程建设环境影响分析评价、大型水利工程的安全监测等，无人机低空遥感的快速实施、高分辨率数据等特点，使其在该领域也能发挥特殊的作用。水利工程环境影响遥感监测包括水利工程建设引起的土地植被或生态变化、淹没范围、库尾淤积、土地盐渍化等方面。利用无人机遥感的高分辨率、灵活机动等特征，可以为工程生态环境提供宏观的科学数据和决策依据。同时利用空间信息技术手段，应用无人机的高空间分辨率遥感影像及高精度GNSS 系统相结合的方法，还可以进行大型水库和堤坝工程的建设施工监测工作。

参考文献

[1] 蔡文惠 . 测量学基础与矿山测量（第 2 版）[M]. 西安：西北工业大学出版社，2019.

[2] 曹东东 . 测绘地理信息在智慧城市建设中的作用 [J]. 黑龙江科学，2022，13（18）：113–115.

[3] 杜文举，卢正 . 工程测量（测绘类）[M]. 成都：西南交通大学出版社，2016.

[4] 段延松 . 无人机测绘生产 [M]. 武汉：武汉大学出版社，2019.

[5] 弓文军 . 测绘新技术在测绘工程测量中的应用分析 [J]. 居舍，2022（18）：54–57.

[6] 郭迎钢，李宗春，刘忠贺，等 . 工程测量平面控制网计算基准面选定方法 [J]. 测绘科学技术
学报，2020（3）：232–238.

[7] 郝亚东 . 测绘工程管理（第二版）[M]. 北京：测绘出版社，2019.

[8] 何晓南 . 地理信息系统在测绘工程中的应用 [J]. 建材与装饰，2016（6）：223–224.

[9] 胡海舟 . 无人机倾斜摄影测绘 1∶500 地形图精度研究 [J]. 西部资源，2022（2）：18–19+22.

[10] 胡淑丽，王刚 . 浅谈工程测量在建筑施工质量管理中的重要作用 [C]//《建筑科技与管理》组
委会 .2020 年 12 月建筑科技与管理学术交流会论文集，2020：39–41.

[11] 琚芳芳 . 工程测量学的研究发展方向 [J]. 四川水泥，2019（7）：282.

[12] 李浩，岳东杰 . 测绘空间信息学概论 [M]. 西安：西安交通大学出版社，2019.

[13] 李建松 . 地理信息系统原理 [M]. 武汉：武汉大学出版社，2015.

[14] 李莎 . 地理信息系统在土地测绘中的应用 [J]. 低碳世界，2016（11）：34–35.

[15] 李维森 . 新型基础测绘的探索与实践 [M]. 北京：测绘出版社，2018.

[16] 刘仁钊，马啸 . 高等职业教育测绘地理信息类"十三五"规划教材 . 无人机倾斜摄影测绘技
术 [M]. 武汉：武汉大学出版社，2021.

[17] 宁津生，陈俊勇，李德仁，等 . 测绘学概论（第三版）[M]. 武汉：武汉大学出版社，2016.

[18] 石杏喜 . 工程测量 [M]. 北京：国防工业出版社，2016.

[19] 孙立业 . 论工程测量在施工质量管理中的重要性 [J]. 世界有色金属，2017（4）：203–204.

[20] 汪金花，张永彬，宋利杰 . 遥感技术与应用 [M]. 北京：测绘出版社，2015.

[21] 王冬梅 . 无人机测绘技术 [M]. 武汉：武汉大学出版社，2020.

[22] 王金星，刘志强 . 地理信息系统在土地测绘中的应用 [J]. 大众标准化，2022（18）：190–192.

[23] 武峻辉 . 新测绘技术在工程测量中的应用探讨 [J]. 建材与装饰，2018（2）：220

[24] 肖前柳，胡海晨 . 地理信息系统在国土资源管理中的应用探究 [J]. 科技资讯，2022，20（22）：
1–4.

[25] 熊春宝 . 测量学（第 4 版）[M]. 天津：天津大学出版社，2020.

[26] 薛嵩 . 基于 GIS 的城市区域火灾风险评估系统开发研究 [D]. 太原：太原理工大学，2019.

[27] 杨德麟 . 测绘地理信息原理方法及应用（上册）[M]. 北京：测绘出版社，2019.

[28] 杨永崇 . 地理信息系统工程概论 [M]. 西安：西北工业大学出版社，2016.

[29] 姚珠燕 . 工程测量中有效控制测量精度探析 [J]. 房地产世界，2021（24）：16–18.

[30] 张东明 . 地理信息系统技术应用 [M]. 北京：测绘出版社，2011.

[31] 张继超 . 遥感原理与应用 [M]. 北京：测绘出版社，2018.

[32] 张静 . 土地测绘技术信息化与土地开发管理 [J]. 住宅与房地产，2020（36）：216–217.

[33] 张友静，许捍卫，佘远见，等 . 地理信息科学导论 [M]. 北京：国防工业出版社，2009.

[34] 张正禄 . 工程测量学发展的历史现状与展望 [J]. 测绘地理信息，2014，39（4）：1–4.

[35] 赵会丽 . 全国测绘地理信息类职业教育规划教材 .GIS 技术及应用 [M]. 郑州：黄河水利出版社，2019.

[36] 赵耀龙，赵俊三，罗志清 . 浅谈测绘工程专业地理信息系统课程的教学 [J]. 测绘通报，2002（5）：61–64.

[37] 赵运佳，李俊瑞，李明君 . 工程测量在施工质量管理中的重要性 [J]. 科技视界，2015（19）：97+272.

[38] 周建郑 . 工程测量（测绘类）（第 3 版）[M]. 郑州：黄河水利出版社，2019.

[39] 周凯 . 现代测绘技术在工程测量中的应用研究 [J]. 华北自然资源，2022（4）：102–104.

[40] 周勇波 . 地理信息系统 GIS 在国土资源管理中的运用 [J]. 工程技术研究，2018（7）：92–93.

[41] 朱新童 . 基于 GIS 的山区地质灾害空间区划与应用 [D]. 成都：西南交通大学，2021.